手作りラジオ工作入門

聴こえたときの感動がよみがえる

西田和明　著

ブルーバックス

●カバー装幀／芦澤泰偉・児崎雅淑
●カバー・本文写真／市川　守
●本文・目次デザイン／さくら工芸社

はじめに

　私たちの周りには、ラジオ・テレビ・携帯電話・無線通信……など、いろいろな電波が飛び交っています。電波を作り出し、それを受ける装置の発達で、便利な生活が実現してきました。電信、無線電話、ラジオ放送、テレビ放送、衛星通信、衛星放送、地上デジタル放送と、通信の技術革新はめざましいものがあります。

　もっとも身近な電波利用はラジオ放送です。受信するラジオは安価で、しかも持ち運びも簡単に"ながら受信"ができます。何かをしながら聴ける素晴らしいシステムです。便利で長い歴史を保っているラジオは、ますます利用されていくことでしょう。

　本文では、通信の歴史からラジオにスポットをあてながら、自作ラジオの製作を通して、受信の楽しさをお伝えします。

　現代は、インターネットで情報が世界を駆け巡っています。ラジオ放送も同じで、国内外の中波帯・FM帯・短波帯放送局が、こぞってインターネット・ラジオを発信しています。でも、遠距離受信においては、インターネット・ラジオは本当のラジオ受信ではありません。

　信号が強くなったり弱まったり、雑音で消えたり……、こんな雰囲気でラジオを受信するからこそ、遠くからの電波をキャッチしているという実感が湧くのです。

　ある海外短波放送局が、インターネット放送を開始したので、従来の放送を廃止するというメッセージを出しました。とたんに、多くのリスナーから存続のお願いが出され、

従来通り放送を続けるということになったのです。ラジオの醍醐味は電波あっての話かもしれません。

本書では、ダイオード、トランジスタ、真空管を使った、簡単なラジオの製作編もあります。自作のラジオで放送を聴くのは格別です。オレンジ色に灯る真空管のヒーターは、癒しになるということで、真空管セットが最近とても人気になっています。

本書を通じて、多くの方にラジオの素晴らしさを再認識していただければ、著者としてこの上ない幸せです。

なお、ラジオの製作編でVHF帯のテレビ音声の受信機能解説がありますが、2011年7月に地上デジタルテレビ放送に切り替わり、放送打ち切りで受信ができなくなります。

本書をまとめるにあたって、ご支援いただいた講談社ブルーバックス出版部の小沢久氏に、心より感謝を申し上げます。

2007年9月　　　　　　　　　　　　　西田和明

● ホームページ

http://www2u.biglobe.ne.jp/~kazuchan/

目次

- はじめに　5

第1章　電波のお話 ── *12*

- 周波数と波長　12
- 通信やテレビ放送に使われる電波　14
- 電波の進行を乱す磁気嵐　19

第2章　電波利用のことはじめ ── *21*

- ヘルツの送信機と受信機　21
- 物理学者ヘルツ　23
- 検波器「コヒーラ」の登場　23
- コヒーラ受信機　24
- コヒーラのお話　25
- 自作可能なコヒーラもどきの火花式受信機　25
- 無線電信の誕生　27
- 豪華客船タイタニック号からの遭難信号　27

- 無念のSOS　29
- 無線電話で放送実験と受信方式の発明　29
- JOAK開局　30
- 「前畑がんばれ！」の実況放送　30
- 真空管の生き残り　32
- ゲルマニューム・ダイオードの登場　33
- トランジスタの登場　34
- 合金型トランジスタ　37
- 当時のハイテクラジオ　37
- ラジオの普及に松下電器の意見広告　39
- ラジオは1人1台時代　40
- 中波ステレオ放送のはじまり　40

  コラム　現在の中波帯ステレオ放送について　42

- ラジオからテレビへ　43

第3章　ラジオの基礎知識 ―――― 46

- 3-1　電波の発生と伝わり方　46
  - ・放送電波の生まれ方　47
- 3-2　ストレート・ラジオと
  スーパーヘテロダイン・ラジオ　47
  - ・同調回路のいろいろ　50
  - ・コイルのアイデア　51
  - ・真空管式ラジオ　52
  - ・3極管と5極管について　56
  - ・超再生回路について　58
  - ・トランジスタ式ラジオ　59
- 3-3　FMラジオについて　64
  - ・AM波とFM波　66
  - ・FMラジオの回路構成　67
  - ・FM電波をAM受信機で聴く
    スロープ検波方式　69
  - ・スロープ検波　70

第4章 手作りラジオで放送や通信を受信して楽しむ ——— 72

4-1 スパイダー・コイルを使った中波帯用
ゲルマニューム・ラジオ（低周波アンプ付き） 73

4-2 VHF帯TVとエアーバンドが聴ける
トランジスタ式超再生ラジオ 82

4-3 中波と短波が聴ける
2石+1IC 2バンド・ラジオ 92

4-4 真空管で中波放送を聴く
2球再生式ラジオ 107

4-5 真空管とトランジスタの混成で短波を
聴く1球+1石 0—V—1ラジオ 118

4-6 75MHz～TV・1CH（音声）のFM放送
が聴ける2球超再生式ラジオ 126

4-7 真空管用電源 135

第5章　放送受信の楽しみ ────── *140*

- 1959年、中国北京放送を
  自作3球ラジオで受信　140
- FM東京開局時に聴いた
  ベリカードと現在のカード　141
- FMジャパン開局時のベリカード　142
- ドイチェ・ベレを
  自作2石再生式ラジオで受信　143
- 短波帯最後のJJYを受信　146
- ラジオ・ジャパン（ラジオ日本）放送は
  海外向け　148
- ラジオNIKKEIは日本唯一の
  短波専門放送局　149
- ベリ（verification）カードの
  もらい方　152

付録1　工具と使い方　158
付録2　電子部品のミニ知識　165
付録3　パーツ購入ガイド　172

参考文献　172
さくいん　173

第1章 電波のお話

電波は1秒間で約30万km、光の速さと同じで、地球を1秒間に約7回り半する速度で伝わります。ラジオは、電波を受ける道具です。それでは、この電波についてお話ししましょう。

携帯電話でよく耳にする"電磁波"のひとつが電波です。「電波とは、300万メガヘルツ以下の周波数の電磁波をいう」と、電波法の中でも定義されているのです。放射線と電磁波（電波）の区分を**図1-1**に示します。

図から分かる通り、X線の放射線やレーザ光線の波長より長い領域に電波が位置付けられています。

周波数と波長

よく、○○ kHz（キロヘルツ：$1\,kHz = 10^3\,Hz$）とか、○○ MHz（メガヘルツ：$1\,MHz = 10^6\,Hz$）、○○ GHz（ギガヘルツ：$1\,GHz = 10^9\,Hz$）という言葉を耳にします。この呼び名は、周波数を意味します。波長は光速（約30万km/秒）を周波数で割ったものです。

第1章 電波のお話

区分	名称	用途
電波	長波 LF	電波時計の信号源
	中波 MF	ラジオ放送、ハム
	短波 HF	各国の国際放送、ハム
	超短波 VHF	FM放送やVHFテレビ放送、ハム
	極超短波 UHF	GPS、ETC、携帯電話、UHFテレビ放送、移動通信、航空管制通信、地上波テレビ、ハム
	マイクロ波 SHF	衛星通信、衛星放送、レーダ、ハム
	……	
放射線	赤外線	
	レーザ	
	可視光線	
	紫外線	
	X線	

ハム：アマチュア無線通信

図1－1　放射線と電磁波（電波）の区分

この波長をもとにして、送信アンテナや受信アンテナの長さが決まります。アンテナの形式に応じて、1/2波長、1/4波長……など、いろいろと長さが変わります（**図1－2**）。

　たとえば、20MHzに合う垂直アンテナを考えてみましょう。垂直アンテナは、1/4波長の長さにマッチング（整合）しますので、

$$アンテナの長さ = \frac{300000000 \,(\mathrm{m/sec})}{20000000 \,(\mathrm{Hz})} \times \frac{1}{4} = 3.75 \,(\mathrm{m})$$

となります（実際には、短縮率というパラメータをさらに乗じますが、概算値として見て下さい）。

通信やテレビ放送に使われる電波

　通信に使われている電波は、いろいろ種類があります。使用されている周波数帯によって、長波帯（LF：Low Frequency）、中波帯（MF：Medium Frequency）、短波帯（HF：High Frequency）、超短波帯（VHF：Very High Frequency）、極超短波帯（UHF：Ultra High Frequency）、マイクロ波帯（SHF：Super High

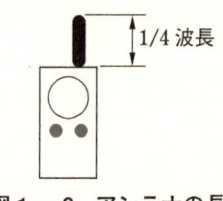

図1－2　アンテナの長さ

第1章 電波のお話

Frequency）などがあります。**図1－3**に身近な周波数帯の区分を示します。

それでは各周波数帯の電波について、説明しましょう。

(1) 長波（LF：周波数30k～300kHz、波長1～10km）

非常に遠くまで伝わる性質があります。昔は電信用として利用されていました。長波帯の一部はヨーロッパやアフリカなどで、ラジオ放送に使われています。

最近流行している電波時計の信号源、放送局の時報源などの時間と周波数の標準を知らせるための標準周波数局（JJY）に利用されています（**図1－4**）。

使用する地域によって、受信周波数が、40kHzか60kHzと異なります。公表されているJJYのデータを図

周波数帯	周波数 （Hz）	波長 （m）
長波 （LF）	30k～300k	1k～10k
中波 （MF）	300k～3M	100～1k
短波 （HF）	3M～30M	10～100
超短波 （VHF）	30M～300M	1～10
極超短波 （UHF）	300M～3G	0.1～1

注）M：メガ＝10^6、G：ギガ＝10^9

図1－3　周波数帯の区分（一部）

呼出符号	JJY（標準周波数局）	
送信所	おおたかどや山標準電波送信所 （福島県田村市都路町）	はがね山標準電波送信所 （佐賀県佐賀市富士町）
緯度 経度	37° 22′ N 140° 51′ E	33° 28′ N 130° 11′ E
アンテナ形式	傘型250m高	傘型200m高
空中線電力	50kW	
電波形式	A1B（自動電信信号）	
運用時間	常時	
標準周波数 搬送波	40 kHz	60 kHz
標準周波数 変調波	1 Hz（秒信号）	
標準周波数 変調波の振幅	最大100%、最小10% （呼出符号送信時を除く）	
標準時	JST：協定世界時（UTC）を9時間進めたもの	
秒信号の送信時間	常時	
備考	1999（平成11）年 6月10日 開局	2001（平成13）年 10月1日 開局

図1-4 標準周波数局（JJY）の公表データの一部

1-4に示します。大型アンテナが目を引きます。使用される場所で、電波時計自身が受信周波数を自動的に選択します（**図1-5**）。

(2) 中波（MF：周波数300 k～3 MHz、波長100～1000 m）

約100 kmの高度に作られる電離層のE層に反射して伝わる性質があります。電波の伝わり方が安定していて遠距離まで届くことから、ラジオ放送として使用されています。

第1章　電波のお話

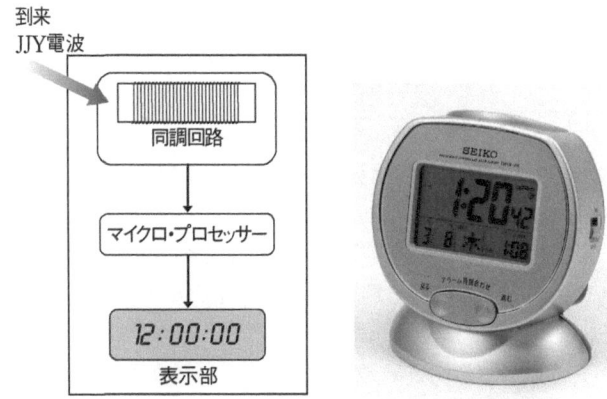

図1－5　電波時計の受信システムと電波時計（右）

ラジオ受信機は簡単な構成で作ることができます。一般的に、MW（Medium Wave）と呼ばれています。

(3) 短波（HF：周波数 3 M ～ 30 MHz、波長 10 ～ 100 m）

約 250 ～ 400 km の高度に作られる電離層の F 層に反射して、地表との反射を繰り返しながら地球の裏側まで伝わっていく性質があります。長距離の通信が簡単に行えることから、各国の国際放送に使用されています。一般的に、SW（Short Wave）と呼ばれています。

日本の国際放送はラジオ・ジャパン（ラジオ日本）です。いろんな言語で、海外向け放送をしています。スタジオは東京・渋谷の NHK 放送センターにあります。

注意しなくてはならないのは、ラジオ・ジャパンを国内で受信して受信報告書（後述の項で説明）を送付しても、ベリカードがもらえないことです。

(4) 超短波（VHF：周波数 30 M 〜 300 MHz、波長 1 〜 10 m）

　直進性があり、電離層で反射しにくく突き抜けて行く性質と、山や建物の後ろ側に、回りこんで伝わる性質（回折性）を持っています。短波に比べて多くの情報を伝えることができるため、FM 放送や VHF テレビ放送、移動通信に使用されます。

(5) 極超短波（UHF：周波数 300 M 〜 3 GHz、波長 10 cm 〜 1 m）

　超短波に比べて直進性がさらに強くなります。低い山や建物の後ろ側に回りこんで伝わります。アンテナが小型にできるので、移動通信に用いられます。UHF テレビ放送もこの周波数帯を使用しています。携帯電話もここで使用されています。

(6) マイクロ波（SHF：周波数 3 G 〜 30 GHz、波長 1 〜 10 cm）

　直進性が強い性質を持つため、特定の方向に向けて発射するのに適しています。伝送できる情報量が非常に大きいことから、衛星通信や衛星放送、レーダに使用されています。
　各電波の伝わり方を**図 1 − 6** に示します。

第1章 電波のお話

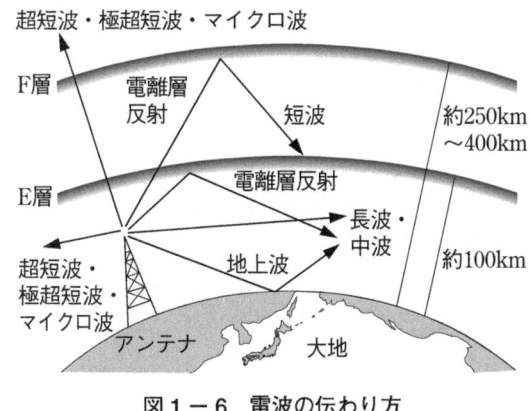

図1-6 電波の伝わり方

参考までに、身近な携帯電話の周波数は、800 MHz 帯や2 GHz 帯の極超短波帯になっており、中波放送や短波放送の周波数帯より、とても高い極超短波（UHF）帯の電波を使用しています。

電波の進行を乱す磁気嵐

中波帯や短波帯の電波が遠くに伝わるのは、電離層での反射がその理由です。その電離層が乱されたらどうでしょう。通信は途切れてしまいます。もちろん遠距離放送の受信もできなくなってしまいます。また、衛星の位置制御の情報を直接的に乱されると、衛星通信系も乱されてしまいます。

もし太陽の活動で、電離層を乱す磁気嵐が起こると、雑音ばかりで通信や放送ができなくなります。記憶に新しいところでは、2003年10月に大きな磁気嵐が起こり、ニュ

ースにもなりました。このとき、電離層反射電波や衛星利用通信や放送に影響が出たようです。

当時の新聞報道を一部紹介しましょう。

「迷惑な？輝き　最大級フレア観測

〔ワシントン＝ロイター〕太陽の黒点上で起きる爆発現象『太陽フレア』。NASA（米航空宇宙局）の太陽観測衛星が28日午前6時（日本時間同日午後8時）ごろ、史上最大級のフレアの発生を確認した（**図1-7**）。

フレアによって、太陽表面から放出されるガス塊であるプラズマ雲の撮影にも同衛星が成功＝写真・ロイター。

エックス線の強度によって画像処理し緑色に見える。プラズマ雲は早ければ、日本時間の明日30日未明に地表に到達するとみられ磁気嵐などを引き起こし船舶、航空機の無線障害、衛星など送受信機への影響などの被害が懸念。被害は1、2日間程度続くとみられる」

（読売新聞　2003年10月29日夕刊の記事から）

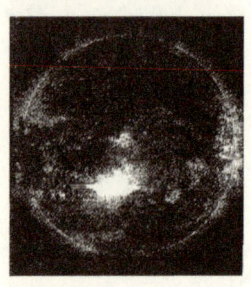

図1-7　太陽フレア（下の白い部分）

第2章
電波利用のことはじめ

　私たちはラジオ、テレビ、携帯電話、無線通信、……など、生活において電波の恩恵を大いに受けています。

　ところで、この便利な電波も先人たちの努力で、技術進歩を続けて来ました。ここで、電波が作られた歴史を覗くことにしましょう。

ヘルツの送信機と受信機

　世界初の電波送信機（1884年製）は、ヘルツ火花式送信機と呼ばれるものです。機械的バイブレータ方式でした（**図2-1**）。

　この方式では、誘導コイルへの電源は、断続して高電圧を発生させ大きな金属板を介して、雑音電波として空間に放射されます。

　このヘルツの火花式送信機は、第一次世界大戦の後まで、進んだ通信手段として使われていました。ヘルツ火花式送信機に使われる「電波受信機」は、**図2-2**に示されるような放電ギャップを持たせた、ループ・アンテナでした。

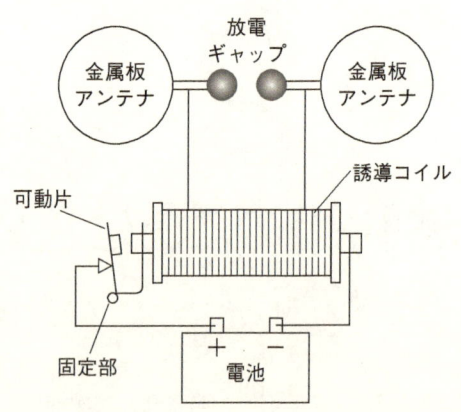

図2−1 ヘルツ火花式送信機

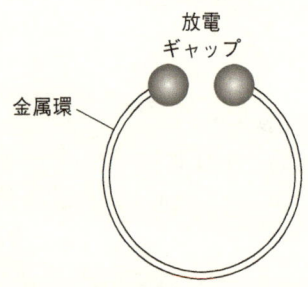

図2−2 ヘルツ火花式送信機に使われる「電波受信機」

　火花の周波数にループ・アンテナが共振すると、ループ・アンテナに設けられたギャップ（間隙）にスパークが飛ぶというもので、スパークが確認できるように暗い部屋で受信していたそうです。円形の寸法とギャップの調整が

大変でした。

物理学者ヘルツ

1864年に電磁波（電波）の存在を予言したのは、マックスウェルで、この予言を実験で証明したのがヘルツです。周波数の単位Hzは、彼の功績から名付けられたものです。

ベルリン大学で数学と物理学を学んだヘルツは、27歳のときカールスルーエ工科大学の教授になり、1888年に電磁波の発生にこぎつけ、送受信することに成功したのです。

ヘルツが作り出した電波を使って、無線通信を考えたのが電信式通信で名高いイタリアのマルコーニです。残念なことに、ヘルツは病気で37歳の若さで亡くなり、マルコーニの無線通信応用への姿を見ることが出来ませんでした。

検波器「コヒーラ」の登場

コヒーラは火花式送信機の検知のために、開発当初から大いに使われました。コヒーラは、ガラス管内に金属の粉末が入れてあり、外部から火花放電などのエネルギーを受けると、管内の金属粉末同士の表面がはがれ、接触抵抗が低下し、導通する（電気が通る）装置（**図２－３**）です。これは当時、大変な発明だったのです。後出のタイタニック号に積まれていた無線受信機はこのタイプのコヒーラでした。

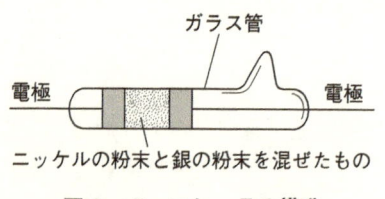

図2-3 コヒーラの構造

コヒーラ受信機

　火花放電による電波を受けると、コヒーラが導通状態となり、リレーを駆動させ、紙テープに無線信号を記録します。コヒーラは、信号を受信して動作を行うと、次にリセット状態に戻ります。再度コヒーラに外部からショックを与えるために、たたき棒（タッパー）をバイブレータによって、動かしています（**図2-4**）。

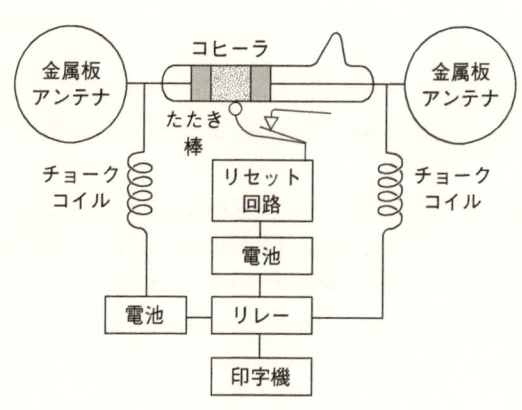

図2-4　初期のコヒーラ受信機

コヒーラのお話

1895年にマルコーニは火花式発振器で電波(雑音ですが)を飛ばして、2.4 km離れたところでコヒーラと呼ばれる検波器で受信したという記録があります。

この時代のコヒーラは、細いガラス管の中に、ニッケルの粉末と銀の粉末を混ぜて両端を閉じ、それぞれに電極端子を設けたものでした。

コヒーラの両電極端子間の抵抗値は、普段は高抵抗値を示しますが、外部から火花放電などの電波が与えられると、コヒーラ内部に入れてある金属の表面が破壊されて、絶縁組織が破られ金属間が直接に触れ合うので、導通状態になるのです。一種のスイッチと思えばよいでしょう。

コヒーラは、いったん導通状態になると導通状態を続けますので、切るときにはコヒーラに振動を与えて、接触面を変えてやります。コヒーラとは、"接触"という意味を持っています。

自作可能なコヒーラもどきの火花式受信機

コヒーラの原理を利用して、受信機を製作してみましょう。部品は簡単に集まるものばかりです。アルミホイルと、紙コップ、1.5 Vの単3乾電池、1.5 Vの豆球です。

送信機は火花発生用として、ガスコンロなどに使う着火用ライターを使います。

コヒーラに使う金属体は、アルミホイル(アルミ箔)を、直径2 cmほどの球に丸めて作ります。10個ほど作ります。電極用は、幅2 cmのアルミ箔を入れます。長さは、紙コップの深さより5 cmほど、長くしておくとよいでしょう。

コヒーラ製作図を 2 − 5 に示します。

次に紙コップの内部に電極用として 2 ヵ所、短冊状（幅 2 cm）に切ったアルミ箔を向かい合わせに、両面テープなどで貼ります。電極の一方にアンテナ線を付けます。長さ 10 cm ほどの針金でよいでしょう。その紙コップの中に、先のアルミ箔の球を入れば完成です。

電極間に豆球と乾電池の回路を接続して、コヒーラのアンテナに向けて着火用ライターを（必ずガス・カートリッジを外すかガス抜きをして）空打ちします。火は不要です。

火花で生じた雑音を自作コヒーラが受けると、豆球が点灯します。豆球を消灯させるには、紙コップを指でチョトたたきます。導通部分がズレるため、リセット状態になります。

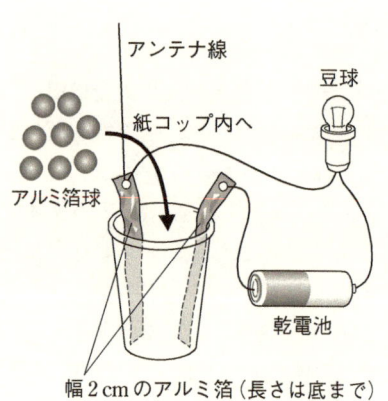

図 2 − 5　自作のコヒーラ製作図

無線電信の誕生

1837年サミュエル・モールス（アメリカの画家）が、自分が発明した電磁石を応用した電信機の実験を行いました。実用化の可能性を証明したのです。

その翌年、モールスはイギリスとフランスに渡り、短点と長点を組み合わせてアルファベットを通信で送る「モールス符号」のデモンストレーションを行いました。電線を用いた有線通信です。

日本では、1853（嘉永6）年黒船で来訪したペリーが、電信機2台を徳川幕府に献上して、江戸城内や横浜で実演したと言われています。

さらに1895年、マルコーニ（**図2－6**）が無線電信実験を成功させ、4年後の1899年に英仏海峡間の無線電信横断を成功させます。船舶、軍事、通信社の無線通信時代の幕開けとなりました。

豪華客船タイタニック号からの遭難信号

1912年4月10日にニューヨークに向けて、イギリスのサウサンプトンを出航したタイタニック号は、14日の夜、

図2－6 マルコーニの肖像が出ているイタリアの切手

ニューファンドランド沖で氷山に衝突し、3時間足らずで沈没しました。この事故では、船客・船員2224名中およそ1500人が亡くなっています。

一説によると、3隻の船舶が航海していたそうです。1時間半程度の距離にいたのが2隻。1隻は通信士が通信機の電源を切って就寝中、もう1隻は無線電信機を備えていなかったとか。残る1隻は一番遠くを航海していましたが、無線電信機を持っていた貨物船カルパシア号でした（映画でも登場した船です）。当時、船舶の送信機は火花放電式（タイタニック号の入力電力は1.5 kW）。受信機は、コヒーラ検波器でした。

遭難信号を受信して、約100 kmの距離を全速力で向かい、4時間ほどかかって現場に到着。703名を救助したとのことです。文献によると、タイタニック号は氷山にぶつかってから、34分も経過した後にSOSを混じえた遭難信号を出したとされています（**図2－7**）。救助が遅くなった原因の一つです。

図2－7　タイタニック号からのSOS

第2章　電波利用のことはじめ

　大変な数の犠牲者を出したタイタニック号の惨事がきっかけとなり、その後定められた「海上における人命の安全のための国際条約」では、SOSの24時間聴取などが義務づけられました。当時の日本もこの条約に従っています。

無念のSOS

　1999年2月1日付のあるニュースを見て、ちょっと悲しくなったことがありました。その記事をご紹介しましょう。

「海難救助を求める『SOS』などのモールス通信が1999年1月31日限りで廃止された。1日からは、人工衛星などを利用した世界的な遭難救助システム（GMDSS）が全面的に導入される。（中略）モールス通信は遠距離に対応できず、突然の転覆時には打電できないことがあるなど問題が多く、国際海難機関（IMO）等が対策を検討。条約改正により、1999年2月からGMDSS方式へ完全移行させることを決めた」

　現在では、衛星経由で救難機関に自動通報したり、安全情報を送受信することによって、より安全な航海が実現している。（毎日新聞　1999年2月1日）

無線電話で放送実験と受信方式の発明

　さて、話が戻って1906年、アメリカのゼネラル・エレクトリック（GE）社ではスウェーデン製の高周波交流発電機を使用して、発電された電流振幅を送話器で変調し、演説と音楽の実験放送を行ったそうです。

1912年アメリカで、再生式受信方式（次章を参照）の発明、同じくアメリカで1917年に、受信周波数を安定した中間周波数に落として検波するスーパーヘテロダイン方式（次章を参照）が発明されています。

JOAK開局

その後日本では1923年に関東大震災が発生、多くの犠牲者が出ました。この大震災の教訓から、放送の重要性が認められて、東京放送局（JOAK）が東京・芝の愛宕山に建設した施設から1925（大正14）年に中波放送を開始しています。

1933（昭和8）年にマルコーニが来日していますが、同じ年に日本は国際連盟を脱退し、戦争への道を歩き出します。

「前畑がんばれ！」の実況放送

1936（昭和11）年8月11日、開催中の第11回ベルリン・オリンピックで、前畑秀子選手が200メートル平泳ぎで優勝、金メダルを獲得しました。この時実況中継をした河西三省アナウンサーの声は途中から前畑の善戦に興奮し「がんばれ、がんばれ、前畑がんばれ」という絶叫に変わったのは、有名です。また日本では、その模様が海を越えて雑音を伴いながらの受信電波でしたが、国中あげてラジオにかじりついて聴き入ったそうです。

そう言えば、2002年サッカー・ワールドカップの実況で、同じように『ゴール、ゴール、……』と、ゴールの連呼を行ったアナウンサーがいましたが、アナウンサーの熱

第2章　電波利用のことはじめ

演ぶりは、今も昔も変わらないようです。この放送による臨場感溢れる雰囲気は、新聞や雑誌では味わうことができない格別なものです。

ベルリン・オリンピック当時のラジオは、並四と呼ばれる4球再生式真空管ラジオや高周波増幅段を持った、高1ラジオが多く使われていたようです（**図2－8**）。しかしこの放送が行われた年は、通信省（その後郵政省、現総務省）通達で全波受信機取り締まり強化のため、ラジオの登録制度が施行されたとのことです。

戦時中は物資不足のため、トランスを用いないで、家庭用AC電源を直接に整流したトランスレス・ラジオが使われました。また、ヒーター電圧がトランスレスに向いた12V用真空管になっていました。

図2－8　東京・港区にあるNHK放送博物館に展示されている戦時中に使われたトランスレス4球ラジオ・放送局型第123号受信機

31

1941（昭和16）年に日本は真珠湾攻撃を行い、太平洋戦争が始まります。同時に放送に対して、電波管制が発令されたのです。そして1945（昭和20）年、日本は終戦を迎え、復興に取りかかります。

終戦後、民放にも免許が出されて1951（昭和26）年に中部日本放送、新日本放送（毎日放送）、ラジオ東京（東京放送）などが放送を開始しました。

1952（昭和27）年に第15回ヘルシンキ・オリンピックが開催されて、そこで日本は水泳、体操などで善戦し、復興日本の国内に明るさを与えていました。このオリンピックが、ラジオが大いに普及するきっかけになったようです（ヘルシンキ・オリンピックは戦後、初めて日本が参加したオリンピックです）。

売り出されたラジオは、受信電波をそれより低い周波数に落として音にする、5球スーパー・ヘテロダイン方式で、受信感度や安定性が優れたものです。現在も、この技術は引き継がれています。

真空管の生き残り

戦後10年が経過してから、日本のエレクトロニクス技術は激動の時代となりました。まさに、真空管時代からトランジスタ時代への突入です。

同時に、真空管メーカーの生き残りを賭けた涙ぐましい努力も見受けられます。天然鉱石よりも感度が優れているゲルマニューム・ダイオードも一般化して、実用的なゲルマニューム・ラジオ各種が売り出されてきます。昭和30年代は、新しい素子のトランジスタを使ったラジオの出現

となります。

1957（昭和32）年、春に国産1号のトランジスタ・ラジオを東京通信工業（現在のソニー）が発表するなど、真空管時代からトランジスタ時代への過渡期でもあったのです。

ゲルマニューム・ダイオードの登場

私が小学5年生のとき、天然鉱石（方鉛鉱：図2－9左）を使用した鉱石検波器（クリスタル・デテクター：図2－9右下）を使った鉱石ラジオを楽しんでいましたが、ゲルマニューム・ダイオード（図2－9右上）のほうが感度がいいと聞き、お小遣いを貯めて手に入れました。

確かに性能は抜群で、イヤホーンから出てくる音声の大きさは5倍以上あったのです。

東京通信工業が製造していた「1T23」というゲルマニューム・ダイオードも人気がありました。黄色のモールド

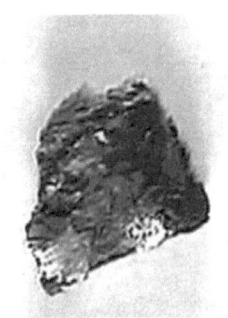
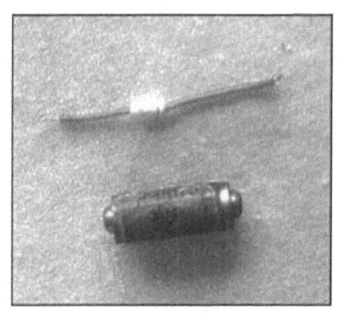

図2－9　方鉛鉱（左）とゲルマニューム・ダイオード NEC 製SD46（右上）、鉱石検波器（フォックストン：右下）

で固められたものですが、これも今の数倍のサイズでできていました。ただ、NECのSD34とかSD46という製品は、現在の1N60のようなサイズで、とても小型でした。

当時の値段を調べてみると、ミカンの缶詰30円、紳士純毛ツィード背広上下が1800円の時代に、鉱石ラジオ・キットが280円、ゲルマニューム・ダイオード製の鉱石ラジオ・キットが800円以上しました。いかに高価だったかわかります。

高級品と呼ばれていたゲルマニューム・ダイオードだけでも350円もしたのです。ゲルマニュームを製造するのに、とても苦労していたことがうかがわれます。今では粗末に扱われそうなゲルマニューム・ダイオードも、たいへん貴重な存在だったのです。当時200円台で買えた、小型真空管がたくさんありました。携帯用に作られたサブ・ミニチュア管もそのひとつで、人気がありました。

トランジスタの登場

この時代、もうひとつ大きな出来事がありました。普及版トランジスタの登場です。それまで私たちがスピーカを鳴らすラジオといえば、すべて「真空管」でできていました。ポータブルのために、真空管も改良されて、サブ・ミニチュア管と呼ばれるたいへんコンパクトな、小さく平べったい真空管が開発されて（**図2－10**）、新しい真空管時代になっていました。

図2－11は、当時人気のあった扁平形で小型サイズのサブ・ミニチュア管（5678）で作られたポータブル・ラジオ（4球スーパー）です。この種のラジオは真空管式のた

第2章 電波利用のことはじめ

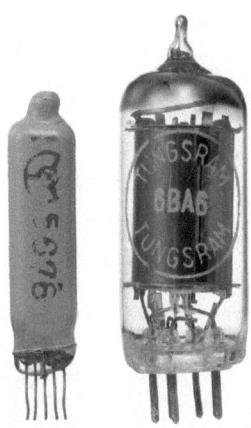

図2−10 サブ・ミニチュア管(左)と普通のミニチュア管の比較

め、どうしても電源の問題がありました。ヒーター用の1.5 V電源とプレート系の22.5〜45 Vの電源の2電源が必要だったのです。

それに対してトランジスタは数Vの1種類の電源でよく、消費電流も小さくて済むなどの利点があるので、ポータブル・ラジオ用の素子として注目されていました。

でもトランジスタが登場した当時の品質は、真空管製品より感度・音質など性能的に負けている部分があったようです。

このことは、当時のサブ・ミニチュア管メーカーとして有名だった《アポロ真空管》太陽電子㈱の広告で知ることができます。その広告文の一部を紹介しましょう。

「ポケットラジオ　ポータブルラジオ　補聴器には……ト

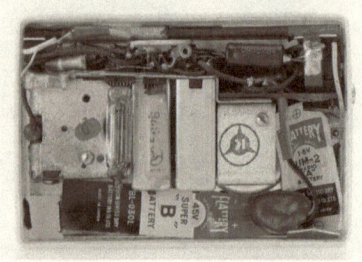

図2−11 サブ・ミニチュア管(5678)で作られたポータブル・ラジオ(4球スーパー)の外観と内部

ランジスタより 価格が安い 雑音が少ない 感度が大きい」(『初歩のラジオ』誠文堂新光社刊 1958年8月号)

 これを見てもわかるように、真空管時代の終焉を象徴しているかのようです。

合金型トランジスタ

　トランジスタの話として、東京通信工業を忘れることはできません。米国から製法を導入して独自に改良を加えて、初めに作ったのが合金型トランジスタです。3本足でありながら、サブ・ミニチュア管用のソケットが流用できるピン・ピッチになっているところが、次の時代への流れを感じます。

　製造工程は、純粋なゲルマニュームの結晶に、アンチモンを少量混ぜてN型ゲルマニュームにして、これを薄く切り、板状にします。この小さな板の両面にインジュウム結晶を押し付けて高温加熱すると、インジュウムがN型ゲルマニューム内に溶け込んで、P型のゲルマニューム層を生成します。これでPNP型のトランジスタが完成です。

　この製法のトランジスタは低周波増幅用として使用されました。かなりの部分が手作業のため、製品の品質管理がたいへんだったようです。

　私の手元にあったトランジスタ「2T67」は、昭和33年ころからよく使われた合金型低周波用トランジスタです。価格は量産品並みで、300円程度でした。それにしても、なぜかゲルマニューム・ダイオードの方が高いのです。

当時のハイテクラジオ

　入門用のトランジスタ・ラジオというのは、検波がゲルマニューム・ダイオードで、低周波増幅がトランジスタといった構成で、ゲルマニューム・ラジオより音が少し大きくなったに過ぎません。しかし、ハイテク・ラジオとしての価値があったのです。キットで2500円もしました。本

格的な6石スーパーのキットともなると、背広上下1800円時代にナント6800円だったのです。

　ラジオ少年の頃を思い出しながら、2T67を使用し、当時の回路（**図2-12**）を再現したトランジスタ・ラジオを製作してみました（**図2-13**）。私は、親を拝み倒して部品を買ってもらったにちがいありません（父親の背広を一着分フイにしたのかもしれません）。

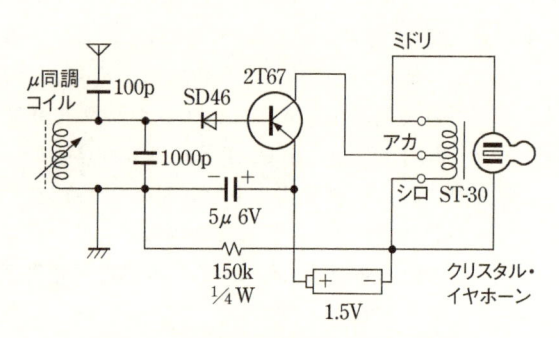

図2-12　2T67を使ったラジオ回路

図2-13　2T67を使ったラジオ完成品外観

第2章 電波利用のことはじめ

　幸いにも当時のトランジスタ（2T67）、ゲルマニューム・ダイオード（SD46）、100pFマイカ・コンデンサー、電解コンデンサ（5μF/6V　昭和32年7月製造）、150kΩ・1/4W、μ同調コイル（**図2−14**）が動作可能状態で揃っていましたので、再現することができました。

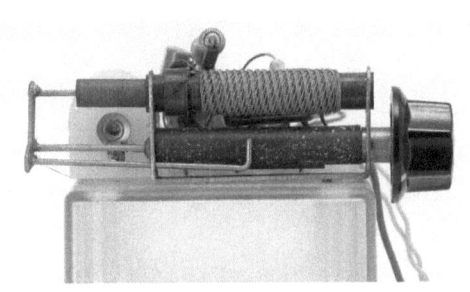

図2−14　μ同調コイル

ラジオの普及に松下電器の意見広告

　現在では、テレビが1人1台の時代ですが、昭和30年代には、ラジオでさえまだまだの状態でした。1959（昭和34）年2月16日付朝日新聞に掲載された同広告によると、日本のラジオの普及率は、

```
 1位　アメリカ　　（100人にラジオ）88台
 6位　西ドイツ　　　　〃　　　　　　29台
 7位　イギリス　　　　〃　　　　　　28台
10位　スイス　　　　　〃　　　　　　26台
15位　フランス　　　　〃　　　　　　23台
18位　日本　　　　　　〃　　　　　　16台
```

と世界で18番目だったようです。

ラジオ放送局は、NHK・民間局を合わせて310局に達し、朝早くから夜中まで、ニュースや音楽、スポーツや舞台中継、語学講座や経済市況……など、非常にバラエティにとんだ番組が放送されていたようです。

ところが、100人に16台では、このせっかくの番組も空中でムダに消えていたというわけです。

ラジオは1人1台時代

さらに、朝日新聞の広告を見ますと
「とくに最近は、長時間のディスク・ジョッキィやムード音楽など一人で楽しむ番組もふえ、また放送局やトランジスタラジオの増加で、日本にも、"ラジオは一人一台時代"が訪れてきました。

いつもあなたのおそばに専用のラジオをおいて、だれにもわずらわされず、ひとり静かに好きな番組に耳を傾ける楽しさ……」

まさに、ラジオのメリットを伝え、購買意欲をかき立てようとしています。

中波ステレオ放送のはじまり

1952（昭和27）年、NHKは東京で第1と第2放送を用いて中波AMステレオ放送の実験放送を始めました。2台のラジオを使って、ステレオを楽しむものです。その後、2つの周波数が受信できるステレオ・ラジオも発売され、容易にステレオが楽しめるようになりました。

第2章　電波利用のことはじめ

　当時、東京の新聞のラジオ番組表を見ますと、1959（昭和34）年11月9日の午後6：15〜6：30までの15分間が立体放送のスタートになっているようでした。

　この頃、中学生だった私は『パイオニア・イブニング・ステレオ』というタイトルの立体放送のファンでした。立体放送が始まると、1台は自作のラジオ、もう1台はホーム・ラジオを前方に並べ、アナウンスに従って左側を文化放送、右側をニッポン放送にそれぞれのラジオをチューニングします。音声が中央に聞こえるように、音量レベルを調整していました。音楽の広がりを体験しながら、毎回聴くたびに感動していたことを覚えています。

　民放では、定時番組になるまで、特別番組の立体放送が行われていたようです。

図2−15　番組提供会社（ナショナル）のステレオ放送解説広告

1959年6月12日付の朝日新聞（夕刊）に掲載されていたラジオ番組を見ますと、午後8：30〜9：00の30分間、『音のシネラマステレオホール』が、文化放送とニッポン放送で同じ番組になっています。

　別の紙面には、番組提供会社（ナショナル）の広告（図2−15）が出ていました。左右にラジオを置いて立体放送を聴く方法を図解しています。数年後FMステレオ放送が始まると、このシステムは消えて行きます。

> **コラム** 現在の中波帯ステレオ放送について
>
> 　現在でも中波帯で、ステレオ放送が民放各社で行われています。1990年3月にスタートしたもので、世界的標準になっているモトローラ方式と言われるものです。
>
> 　この技術的に進化した方式は、FMステレオ方式のように、右側チャンネルの信号と左側チャンネルの信号を加えた和信号（右信号＋左信号）と、左信号から右信号を引いた差信号（左信号−右信号）を作り、2種類の信号の変調方式を変えて（和信号：振幅変調、差信号：位相変調）電波に乗せて送ります。
>
> 　受信機側では、その2種類の信号を合成して左右の信号に戻すデコーダ回路があって、ステレオを楽しむことができます。
>
> 　和信号（右信号＋左信号）＋差信号（左信号−右信号）
> 　＝左信号（右信号が消えて左信号が得られます）
> 　和信号（右信号＋左信号）−差信号（左信号−右信号）

> ＝右信号（左信号が消えて右信号が得られます）
>
> 　モノラル AM（振幅変調波）ラジオでは、左右が合成されている和信号の振幅変調波を受けるので、普通の受信と同じとなり心配なく聴くことができます。
> 　このステレオ・システムはモトローラ方式と呼ばれ、受信機側で使用される検出回路の IC がモトローラや東芝で市販されています。
> 　この方式を備えたラジオは、国産メーカー数社で販売されています。NHK が実施していないので、普及率が低いのが現状のようです。

ラジオからテレビへ

　この時代は、新しい素子がいろいろ開発され、技術革新に拍車がかかりました。トランジスタは、高周波用として合金接合型から成長接合型に技術革新し、本格的なトランジスタ時代になりました。

　成長接合型とは、N 型ゲルマニュームを成長させていく途中で、P 型成分の元素を混ぜて P 型にし、次に N 型に戻して作るという製法で、NPN や PNP の接合面が薄く、高周波特性の良いトランジスタが得られるという利点がありました。

　この製法は混入する元素の量やタイミングなどがむずかしく、東京通信工業では初期の歩留まり（製品として使える物の率）が 10 %（1 割）程度だったとのことです。この生産性向上に携わった人が、有名なノーベル物理学賞受

賞者の江崎玲於奈博士です。

研究の末、P型元素にリン化インジュウムを採用したことで、歩留まりを99％に改善し、国産トランジスタ・ラジオの量産がスタートしたことは有名です。

1959（昭和34）年は現在の天皇陛下と皇后陛下が結婚した年で、テレビ中継の実施と相まって、国内はテレビの普及が進みました。反対に、家庭用ラジオの需要が徐々に減っていきます。

そして新聞広告には、各メーカー目白押しで製品を開発しての大合戦が展開されていました。ウィスキー会社なども「テレビ・ラジオが当たる！」と、すてきな景品になっていました（**図2-16**）。

図2-16 アンクル・トリスの広告（朝日新聞社）

しかしながら、テレビのトランジスタ化は少し遅れて、昭和37年になってからです。1962（昭和37）年9月号の『電波科学』のグラビアで、「国産初市販の14型トランジスタ・テレビ」が報じられています。

松下電器製で価格は不明ですが、トランジスタ31個、ダイオード23個となっていました。昭和30年代のエレクトロニクス界は、本当にパワフルな時代だったようです。

こんな歴史を経て、放送の受信や受像が生活の一部になってきました。今ではすぐに世界の放送を、聴いたり見たりできる世の中にいる私たちは、大変に幸せと言えます。

第3章
ラジオの基礎知識

　身近なラジオも、いろいろな技術革新が行われて、現在にいたっています。ここでは、ラジオの基礎的な説明をしています。中には専門的な表現をしている部分がありますが、そこは読み飛ばして結構です。

3－1　電波の発生と伝わり方

　基本的には電波は導線に交流を流したときに生じる磁界変化と電界が空間で連続的に発生する現象を言います。電磁波とも呼ばれています。

　交流の周波数を高くした高周波信号で、信号の極性変化がとても激しい変化をしているものと思って下さい。電波時計で使用されている電波のひとつである 40 kHz では、1秒間に4万回もプラス・マイナスの極性が変化しています。

　これらの高周波信号を導線（アンテナ）に流すと、その周囲に磁界が発生します。電流の方向が変わると、磁界の

方向も変わります。

磁界の向きが変わると、磁界の増加をさまたげる方向に電界が発生します。次に発生したこの電界変化によって磁界が発生するので、また電界変化を発生し、順次連続動作を行うことになります。このようにして、電波が伝わって行くのです。その様子を**図3－1**の右上に示します。

放送電波の生まれ方

図3－1の左側に放送電波の生まれ方を示します。スタジオで音声や音楽がまとめられた低周波信号を作り、高周波信号を低周波信号で変化させたものを増幅し、アンテナに供給し電波にして空間に放射します。その電波をラジオで受けて楽しむわけです。

3－2　ストレート・ラジオとスーパーヘテロダイン・ラジオ

ラジオ放送電波を受信して聴きたい放送の周波数を選び出した後、検波して音声信号に変えて、イヤホーンやスピーカで聴く方式をストレート・ラジオと呼びます。

鉱石ラジオ、ゲルマニューム・ラジオ、再生式ラジオ、レフレックス・ラジオなどがこれにあたります。前段に感度を上げるために、高周波増幅部を設ける場合があります。

構成が簡単なため自作ラジオとして最適です。部品も少なくて済むので、手作りに向いています。

ストレート・ラジオに対抗して、受信周波数を直接に聴くのではなく、受信周波数を低い値に変換して安定な受信

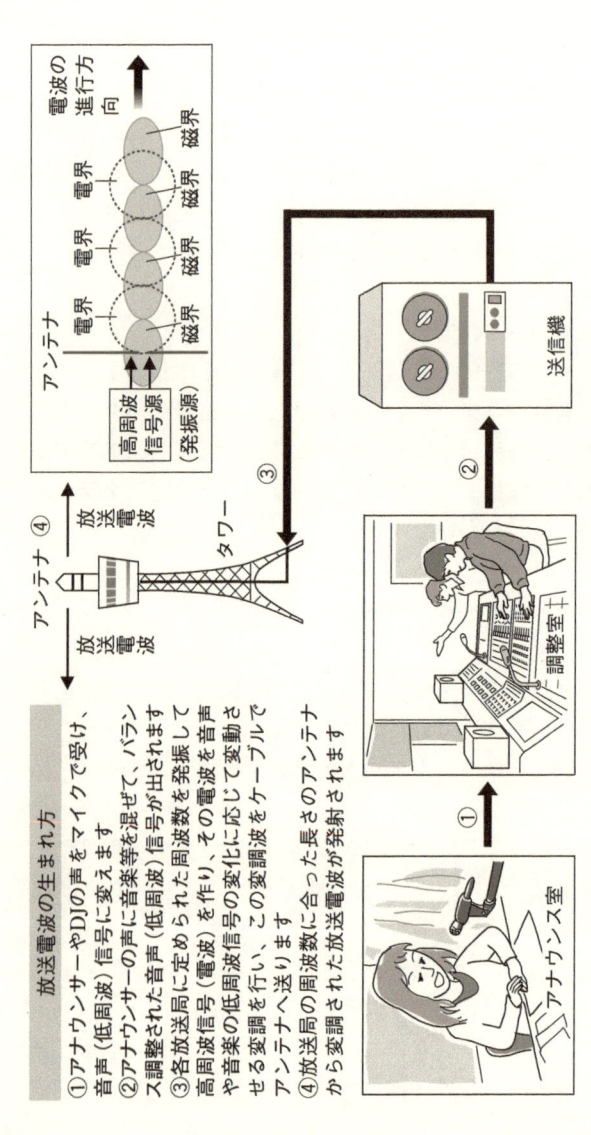

放送電波の生まれ方

①アナウンサーやDJの声をマイクで受け、音声(低周波)信号に変えます
②アナウンサーの声に音楽等を混ぜて、バランス調整された音声(低周波)信号が出されます
③各放送局に定められた周波数を発振して高周波信号(電波)を作り、その電波を音声や音楽の低周波信号の変化に応じて変動させる変調を行い、この変調波をケーブルでアンテナへ送ります
④放送局の周波数に合った長さのアンテナから変調された放送電波が発射されます

図3-1　放送電波の生まれ方

を実現するスーパーヘテロダイン・ラジオがあります。

このスーパーヘテロダイン・ラジオは、受信周波数を低い中間周波数（中・短波帯の場合 455 kHz、超短波帯の場合 10.7 MHz）に下げ、安定した周波数の信号に直してから、検波し、低周波増幅してイヤホーンやスピーカから音を出す方式です。

基本的なスーパーヘテロダイン・ラジオは、高周波増幅部、周波数混合部、局部発振部、中間増幅部、検波部、低周波増幅部から構成され複雑ですが、感度もよく安定したラジオ受信ができます。

回路が複雑なため、本書では工作テーマにしませんでしたので、細かい解説を省略いたします。

(1) ゲルマニューム・ラジオ

ストレート・ラジオの原点は、歴史的に有名な鉱石ラジオです（**図3-2**）。いまは、鉱石ラジオの名ではなく、

図3-2　なつかしい鉱石ラジオ

ゲルマニューム・ラジオがその代名詞になっています。ラジオの原理を知るのにとても大切なラジオです。

図3-3にゲルマニューム・ラジオの回路を示します。アンテナに入った電波は、コイルLとバリコン（バリアブル・コンデンサ：可変コンデンサ）VCで構成される、同調回路（並列共振回路とも言います）で、選局されます。

同調回路では、選局された周波数の電波だけが取り出されて、ゲルマニューム・ダイオードに与えられます。

ゲルマニューム・ラジオに与えられた電波は、整流されて片側だけの波形になり、負荷抵抗Rで電圧変化となって、イヤホーンを付けると、音が聴ける形になります。高周波信号が低周波信号に変換されたとも言います。

同調回路のいろいろ

コイルとコンデンサで構成される同調回路は、いろいろな方式があります。コンデンサの値を一定にして、コイル

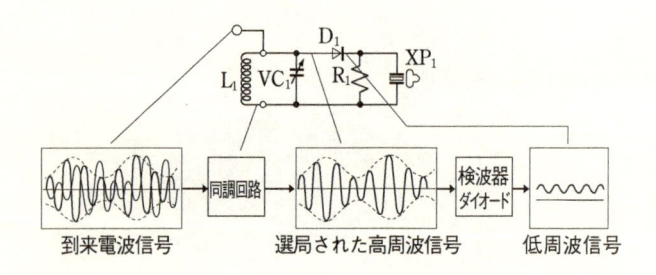

図3-3 ゲルマニューム・ラジオの回路と信号波形　L_1：コイル　VC_1：バリコン　D_1：鉱石（ダイオード）　R_1：抵抗　XP_1：クリスタル・イヤホーン

第3章 ラジオの基礎知識

の値を可変にして選局する方法と、コイルの値を一定にして、コンデンサの値を可変にして選局する方法です。

可変コイルの方法として、コイルにタップを設けて、そのタップを替えて周波数を段階的に切り替えるものや、コイルの中にコアを入れて、そのコアを出し入れしてコイルの値を変化させる方法があります。**図3-4**にそれぞれの方法を示します。

コイルのアイデア

コイルを簡単に作るには、紙筒にエナメル線やホルマル線をグルグルと巻き込めばできます。紙筒ではなく、身近な容器を流用すれば、さらに簡単に作ることができます。ペットボトルなど、いろいろなものが流用できます。

使用するコンデンサの値に対して、受信範囲を確認しながら、コイルの巻き数を決めます。コイルの線種は、直径 0.4〜0.5 mm 程度でよいでしょう。

その昔8ミリ映写機が流行していた頃、私がよく利用していたフィルムの巻き取りリールをコイル・ボビン（コイルを巻くための筒）に応用していました。なんでもかんでも、コイル・ボビンに利用して楽しむことができます。現

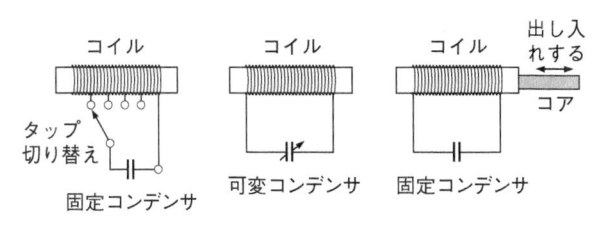

図3-4 同調の方法のいろいろ

在は 35 ミリのフィルム・ケースも立派なコイル・ボビンになります（**図3-5**）。

(2) 低周波アンプ付きゲルマニューム・ラジオ

　ゲルマニューム・ラジオは、無電源という特徴を持っていますが、少しばかり音が小さいという欠点があります。電源の追加になりますが、もう少し音を大きくする手だてがあります。小規模ですが、簡単な低周波アンプをゲルマニューム・ラジオに追加してやります。実際にラジオ製作編で紹介しています。

　低周波アンプ付きのゲルマニューム・ラジオの結線図を示します（**図3-6**）。簡単な構成で性能を上げる方法としてよく使われます。

真空管式ラジオ

　鉱石ラジオに引き続いて、登場したのが真空管を使ったラジオです。カソード（陰極）からプレート（陽極）に向けて飛び出す電子を、途中に設けたグリッド（格子）の電

図3-5　35ミリのフィルム・ケースを使ったコイル・ボビンの例

第3章　ラジオの基礎知識

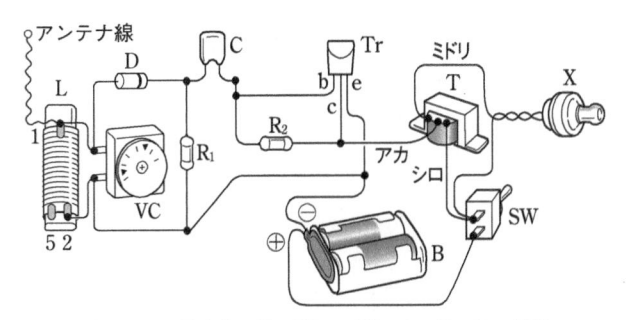

L：コイル　D：ダイオード　VC：バリコン　R₁, R₂：抵抗
C：コンデンサ　Tr：トランジスタ　T：トランス　B：乾電池
SW：スイッチ　X：クリスタル・イヤホーン

図3−6　低周波アンプ付きのゲルマニューム・ラジオの結線例

圧を変えてコントロールし、出力変化を得る素子が真空管です。

整流や検波、低周波増幅、高周波増幅など、いろいろな用途のものが順番に開発されました。いまでは、トランジスタに置き換えられましたが、現在でもマニアの中ではヒーターが灯るやさしい赤が、気持ちを癒してくれるため、真空管を使ったセットを愛用している人が多くいます。

(3) 簡単な真空管ラジオ

図3−7に3球式の簡単な真空管式ラジオ回路を示します。整流部、検波部、低周波増幅部の構成になっています。

整流部はAC電源100Vをトランスで昇圧してから整流し、交流を直流化して＋B電源を作り、高い直流電圧を真空管の陽極（プレート）と第2グリッドに与えます。ま

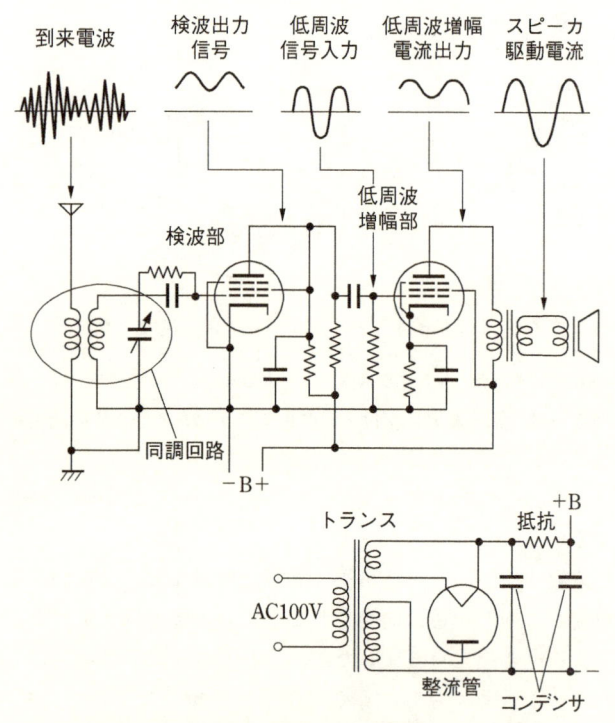

図3－7　3球式の簡単な真空管式ラジオ回路

た、真空管のヒーターをつける電源も、電源トランスのヒーター用巻き線を使います。

　検波部と低周波増幅部は5極管を使用しています。この回路図では、検波部と低周波増幅部の真空管のヒーターと電源の表示を省略しています。

　この回路の動作は、低周波増幅部を除けば、ゲルマニューム・ラジオの動作と同じであることがわかります。初期

第3章 ラジオの基礎知識

のラジオは、このスタイルで作られていました。

ここで、整流部を説明します。整流管のヒーターには、5V、プレートにはおよそ250Vがトランスで与えられます。整流出力は、脈流と呼ばれる波形を持っており直流ではないので、ラジオ回路には使えません。そのため、出力をコンデンサと抵抗で構成した平滑回路に通します。平滑回路を通すと、脈流成分がフラットになり、直流化されます。その様子を**図3－8**に示します。

(4) 再生式真空管ラジオ

私が中学生の頃、はじめて作ったのが、再生式真空管ラジオです。簡単でかつ、感度が優れています。**図3－9**に再生式真空管ラジオの回路を示します。整流部とヒーター電源は省略しています。

検波段のプレート側から、検波された高周波電流の一部を同調回路部に戻し、検波部を発振寸前の状態にして受信

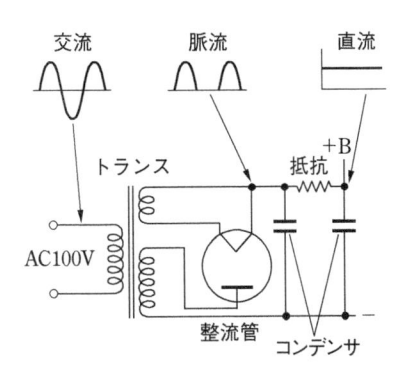

図3－8 真空管回路の電源

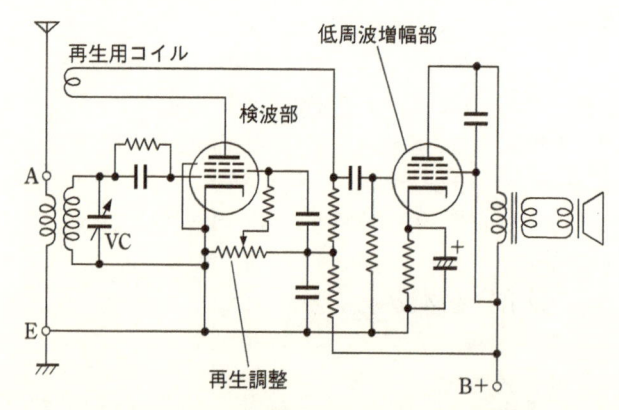

図3－9 短波用再生式真空管ラジオの回路

する方式です。発振時が一番感度が高い状態ですが、発振させてからではラジオを聴くことはできません。ですから、発振寸前に調整する必要があります。この発振寸前に調整するものが、再生用ボリュームです。

この受信機は、0－v－1（ゼロ・ブイ・ワン）受信機とも呼ばれていました（**図3－10**）。0－v－1は、高周波増幅部がなく（0）、検波部（V：球の意味）と低周波増幅部一段（1）の意味で、この受信機でハムの電波や海外放送を受信していました。

実際には整流管も使っていますが、表示される数には入れない約束になっています。

3極管と5極管について

増幅機能がある真空管の基本となる3極管は、ヒーター（H）・カソード（K）・コントロールグリッド（G）・プレ

第3章 ラジオの基礎知識

図3−10 自作真空管0−V−1受信機（左）等で短波放送を楽しんだ中学生時代の筆者

ート（P）で構成されます（図3−11左）。

コントロールグリッドがマイナス電位になるとカソードから飛び出した電子はプレートには届かず、プレート電流は流れません。少しでもコントロールグリッドの電位がプラスになると、電子がコントロールグリッドを通り抜けてプレートに流れ込み、プレート電流が流れ出します。

コントロールグリッドの小さな電位変化で、大きなプレート電流の変化が得られることを、増幅されたと言います。

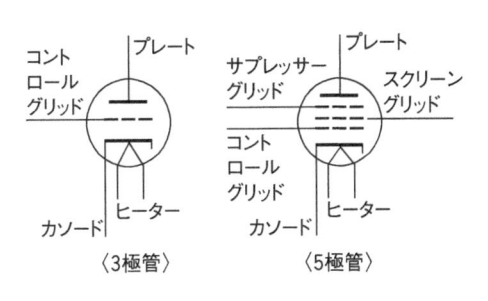

図3−11 3極管と5極管

5極管は、効率よく高い増幅を可能にしたもので、スクリーングリッド（SG：プレートとコントロールグリッド間を静電的に遮蔽するために入れたもの）と、サプレッサーグリッド（SPG：プレートに当たった電子の跳ね返り抑制に入れたもの）から構成されています（図3－11右）。

(5) 真空管式超再生ラジオ

再生を自動的に繰り返して動作させ、感度のよい状況で受信する方式です。常時、発振状態を行わせるため、受信機からの雑音発生もあり、超短波帯の受信に用いられていました。

この受信機の基本回路を**図3－12**に示します。

超再生回路について

超再生の基本となる超再生回路について説明しましょう。

グリッドに高い値の抵抗を使うことによって、検波管が発振してグリッドに電流が流れると、グリッド抵抗による電圧降下が起こります。このとき、発振強度がある程度以上高くなると、プレート電流を遮断するマイナス電圧がグリッドに生じます。

プレート電流が止まれば、発振も止まります。そうなると、グリッド電圧は0Vになりますから、再び発振を開始して同じ動作を繰り返すことになります。高速での断続発振を行わせて、高感度になる状態を自動的に行わせています。

第3章　ラジオの基礎知識

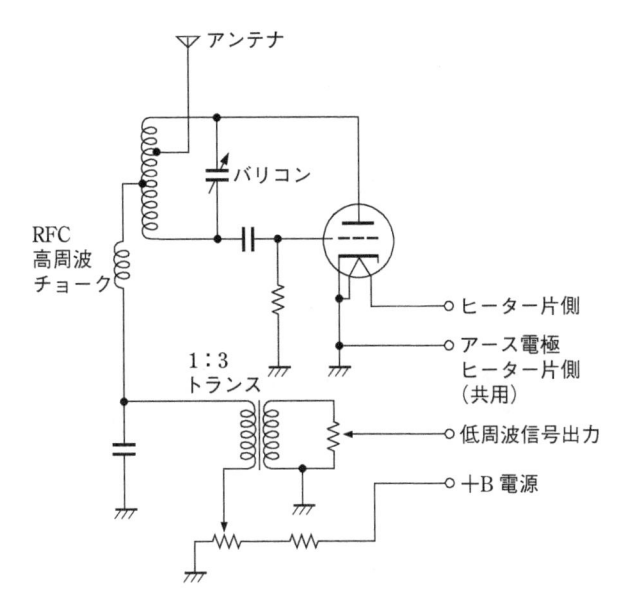

図3－12　真空管式超再生検波回路

トランジスタ式ラジオ

　ストレート・ラジオをトランジスタ式にすると、とても簡単な構成が実現できます。結構、感度があるので楽しめます。携帯して使用するには、電源も容易で、トランジスタ式が一番です。

(6) レフレックス・ラジオ

　感度がよい入門用ラジオとして人気があります。トランジスタ1石で、高周波増幅と低周波増幅を同時に行う仕組みのラジオです。

図3－13を見て下さい。同調回路で選択された電波は、はじめに高周波増幅され、ダイオードによる検波部で低周波信号（音声信号）に変換されます。検波出力はレベルが小さいので、高周波（電波）増幅を行ったトランジスタに、もう一度低周波信号を送り、今度は同じトランジスタに低周波増幅を行わせます。

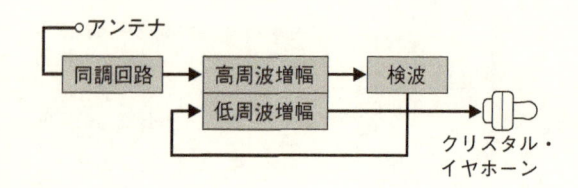

図3－13　レフレックス・ラジオ構成図

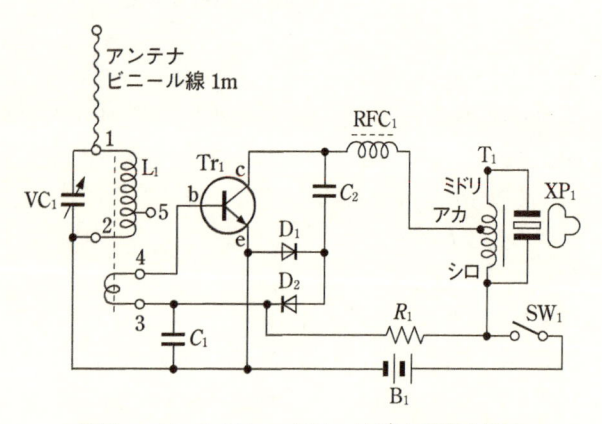

図3－14　レフレックス・ラジオの基本回路

増幅された低周波信号は、耳に聞こえる音にするため、クリスタル・イヤホーンに与えられます。**図3－14**にレフレックス・ラジオの基本回路を示します。

バリコンとコイルによる同調回路で選択された電波は、トランジスタで増幅され、トランジスタのコレクタ側に受信電波の増幅されたものが発生します。

この信号は高周波成分を含んだものですから、高周波チョーク（RFC）によって、低周波トランス側には伝達されず、そのままコンデンサ C_2 を通り、2個のダイオードによって倍電圧整流方式（出力を入力電圧のおよそ2倍にする整流方式）で検波されます。

受信電波が検波されると、低周波信号となり、コンデンサ C_1 を通して、再びトランジスタのベースに与えられます。

次にトランジスタは、低周波アンプとして働きます。トランジスタの出力となるコレクタには、もちろん増幅された低周波信号が発生します。この増幅された低周波信号は、高周波チョーク RFC_1 を通り、低周波トランス T_1 を介してクリスタル・イヤホーンに伝えられます。

(7) トランジスタ式再生ラジオ

中波帯や短波帯で用いられている方式です。**図3－15**にトランジスタ式再生ラジオの回路図を示します。

トランジスタ Tr_1 は、高利得を実現する再生手段です。電波を100倍程度増幅してダイオード D_1 に送ります。

ボリュームは再生レベル調整用で、トランジスタ Tr_1 を発振寸前に調整することによって、高利得・高感度が得ら

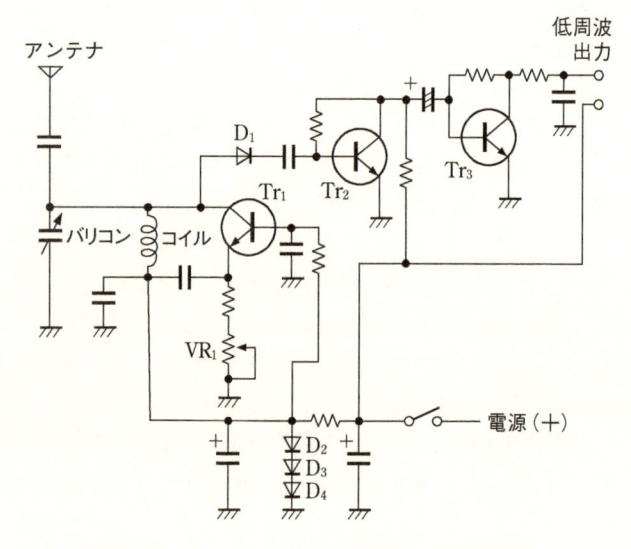

図3－15 トランジスタ式再生ラジオ回路図

れるものです。

　トランジスタ Tr_2、Tr_3 は、2段の低周波増幅部です。小型スピーカを鳴らしています。

　シリコーン・ダイオード D_2 ～ D_4 を3個直列接続した回路は、トランジスタ Tr_1 の電源電圧を安定化して、再生状態を安定化するためのものです。

(8) トランジスタ式超再生ラジオ

　微弱ですが常時発振状態を作るので、周りに発振電波をまき散らすため、中波帯や短波帯用受信機には用いられませんが、VHF帯の受信機として利用されている方式です。

図3－16に回路図を示します。

　回路動作として、一般の検波方式と変わりません。トランジスタのベースとエミッタ間で入力信号を検波して、この検波信号を増幅してコレクタから取り出すものです。ところで、超再生検波回路は、「自己発振寸前の状態」にすることによって、見かけ上、同調回路の感度特性を上げています。

　さて、「自己発振寸前の状態」を手動保持することは面倒なので、自動的に行う方法が考えられました。これが、超再生方式です。

　発振していない状態から、発振している状態に変化させるとき、必ず最高感度となる「発振寸前状態」を通過します。この状態変化は、高い周波数で周期的に行われます。動作としては、周期的にコレクタ電圧またはベース電圧を

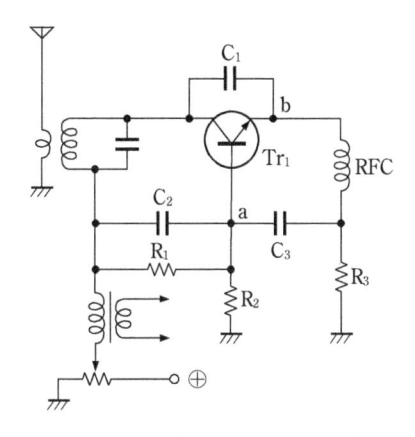

図3－16　トランジスタ式超再生ラジオ回路図

a点：クエンチング発振波形

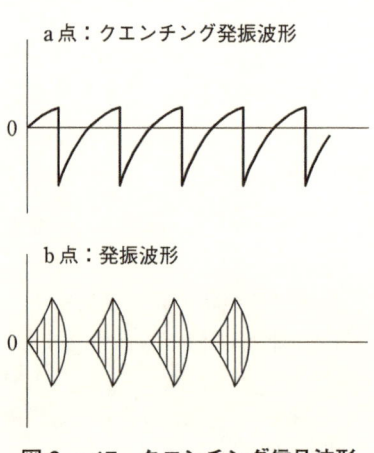

b点：発振波形

図3－17　クエンチング信号波形

変化させればよいのです。

　この非発振状態から発振状態を行わせる信号をクエンチング信号と呼び、普通10k～100kHzあたりが使用されます。**図3－17**にクエンチング信号波形を示します（図3－16におけるa点とb点の波形です）。

3－3　FMラジオについて

　放送や無線通信でもFM電波が多く利用されています。現在のアナログTV放送も、映像信号はAM波ですが、音声はFM波です。

　FM放送は、1957年NHKが放送を開始し、1969年に民放が放送を開始しました。全国でNHK1、放送大学学園1、民放48ほどとなっています。FM放送はAM中波

放送に比べて音質がよく、音楽ソースのラジオとして普及してきました。

FM文字多重放送は、見えるラジオとして人気があり、番組情報・ニュース・スポーツ・お天気情報・高速道・一般道路の交通情報・催事や防災情報等が目で確認できるものです。これには、携帯型・車載型・カーナビ型等があります。

FM放送の小型版として、県域単位の地域密着型のFM放送局で送られる、コミュニティ放送があります。2007年7月23日現在で運営局数212もあり、出力は20W程度です。ですから、サービス・エリアも限られるわけです。歴史のある神奈川県三浦郡葉山町"湘南ビーチFM"（78.9 MHz）を聴きながら、海水浴を楽しむ人たちの姿が目に浮かびます。

私の家の近くにあるFM西東京84.2 MHz（西東京市）も20W出力で、タウン情報や音楽を流しています。**図3－18**は、局舎の上にそびえるアンテナ・タワーをあしらったFM西東京のベリカードです。

図3－18　コミュニティ放送のFM西東京のベリカード

100円ショップで求められるFMラジオでも性能がよいので、一般のFM放送のほか各地でのコミュニティ放送を、地元で聴くのに最適です。FMラジオを聴きながらの散歩が楽しくなります。

　300円も出すと、選局を自動スキャンする優れものが買えます（**図3－19**）。これらのラジオは、受信周波数を低い周波数に落としてから検波して聴く方式のスーパーヘテロダイン方式で構成されていますが、本書では工作のテーマにしていませんので、詳しい解説は省略します。

　ここでAM電波（AM波）とFM電波（FM波）について、整理することにしましょう。

AM波とFM波

　AM波とFM波について、それぞれの信号波形を図3－

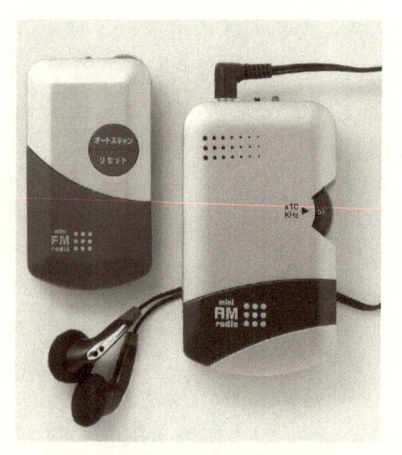

図3－19　300円のFMラジオ：ダイソー製

20に示します。AM波は振幅変調波と呼ばれ、変調入力信号によって搬送波（電波）の振幅を変化させたものです。この電波を聴くには、片側の振幅変化を取り出せばよいので、ダイオード検波器などを使うことにより、簡単に復調ができます。

FM波は周波数変調波の意味で、振幅は一定で変調波によって搬送波の周波数を変化させるという仕組みです。したがって、FM波を聴くのには、AM波を聴くようにダイオード検波器を使った簡単なものではだめで、複雑な回路が必要となります。

FMラジオの回路構成

ごく基本的なFM受信機の回路構成図を**図3－21**に示します。中間周波増幅器までは、AM受信機と同じです。その後には、振幅制限器、周波数弁別器、デンファシス、低周波増幅器を経てスピーカから音が出る仕組みです。

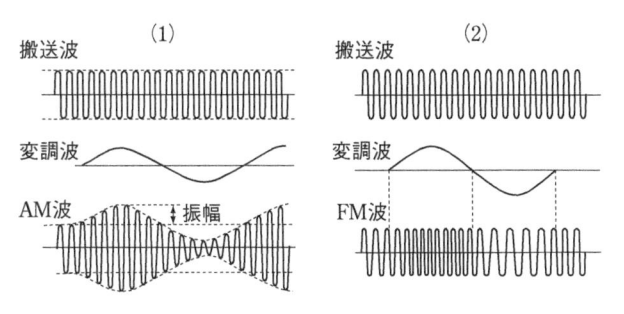

図3－20　AM波（1）とFM波（2）

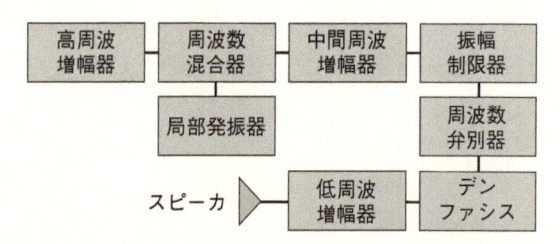

```
┌─────┐  ┌─────┐  ┌──────┐  ┌─────┐
│高周波│─│周波数│─│中間周波│─│振幅 │
│増幅器│  │混合器│  │増幅器 │  │制限器│
└─────┘  └──┬──┘  └──────┘  └──┬──┘
            │                    │
         ┌─────┐              ┌─────┐
         │局部 │              │周波数│
         │発振器│              │弁別器│
         └─────┘              └──┬──┘
                                  │
      ┌────┐  ┌─────┐  ┌────┐
スピーカ▷│    │─│低周波│─│デン │
      └────┘  │増幅器│  │ファシス│
              └─────┘  └────┘
```

図3－21　基本的なFMラジオの回路構成図

●振幅制限器

FM波は振幅が一定の電波として発射されますが、伝播する途中でのレベル変動や雑音、混信などで、その振幅が変動します。受信機側でこの変動を除去して、受信信号のレベルを改善したり、復調された信号にひずみが生じないようにする回路です。振幅制限器は、ある一定以上の入力電圧に対して、出力電圧がほぼ一定になるように動作し、振幅の変動成分を除去しています。

●周波数弁別器

FM波は振幅が一定で、変調によって周波数を変える方式ですから、周波数の変化を振幅の変化に変換してやれば、ダイオード検波で復調が可能となります。この変換機能を行う回路が周波数弁別器です。

●デンファシス

FM受信機では、周波数弁別器の特性上、高い周波数成分の雑音ほど強く出力します。この現象を抑える回路で、高域抑制で聞きやすい信号改善をします。

FM 電波を AM 受信機で聴くスロープ検波方式

FM 電波を専用の FM 受信機ではなく、AM 受信機で受信するには、スロープ検波という方法があります。本書で製作している"超再生受信機"は、本来は AM 受信機ですが、このスロープ検波を利用して FM 放送を受信しています。

では、このスロープ検波について説明しましょう。簡単に言うと、FM 放送の同調周波数を少しずらして受信すると、FM 放送が受信できるしくみです。ピッタリ合わせると受信できません。

スロープ検波の原理を説明しましょう。

受信機のコイルとバリコンの並列接続で構成される同調回路（共振回路とも呼ばれます）は、**図 3 − 22** のような特性曲線を持っています。

ある周波数にピッタリ合致した点（ある放送局の周波数にピッタリ合わせた時と思って下さい）が一番出力があり、

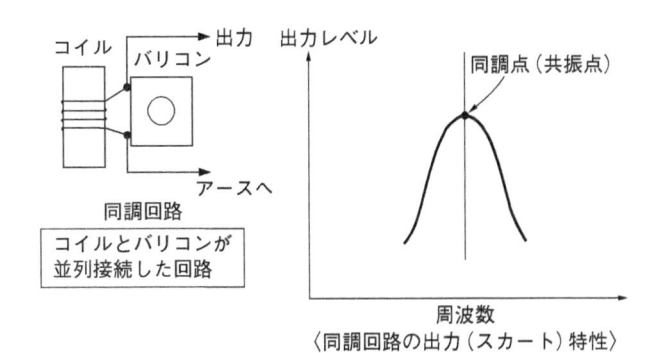

図 3 − 22 スカート特性

よく聞こえる部分です。バリコンを前後に回していくと、聞こえていた放送局の音が下がり、隣の周波数で放送局の音が次第に大きくなってきます。

このときの同調点の周波数変化と、出力変化を示したものが図なのです。スカートのような形をしているので、スカート特性とも呼ばれます。

スロープ検波

AM受信機の同調回路（スカート特性）にFM放送の電波を与えたとします。バリコンを回してある放送局にピッタリと合わせて（山の頂上）しまうと、何も起こらずFM放送が受信できません（図3－23）。

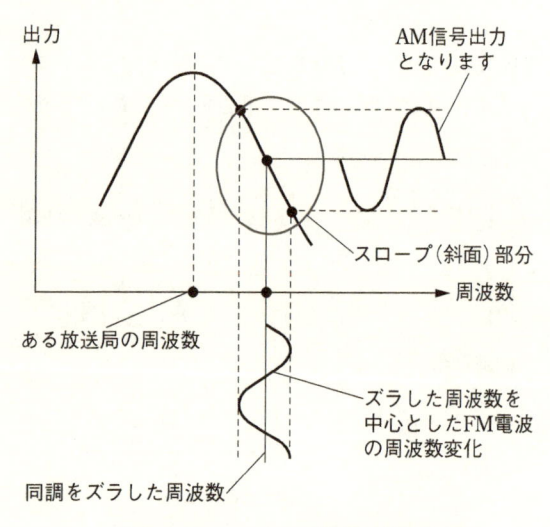

図3－23　スロープ検波の原理図

そこでバリコンを回して、ある放送局の周波数の少し離れた点にズラすと、FM電波の周波数変化が、受信機同調回路のスカート特性のスロープ（斜面）部分で出力変化となり、音が復元（復調とも言います）されるわけです。

　同調（チューニング）を少しズラしただけでFM放送が聞こえるので、FM放送の超簡易方式として使われています。

第4章 手作りラジオで放送や通信を受信して楽しむ

　中波帯放送、短波帯放送、FM放送や航空通信電波を受信できる簡単なラジオの製作編です。

　すべて入手しやすい材料で工作できるように考えてみました。紹介しているラジオで、いろいろなラジオ受信が楽しめることでしょう。

　本編でゲルマニューム・ダイオード、トランジスタ、真空管を使用してラジオ作りが楽しめます。

　特に真空管ラジオでは、オレンジ色に灯る真空管のヒーターを眺めることによって、心が休まる癒しの効果があるようです。真空管セットが変わらず人気があるのは、こんな理由かも知れません。

　それでは、ラジオ工作をお楽しみ下さい。

4-1 スパイダー・コイルを使った中波帯用ゲルマニューム・ラジオ（低周波アンプ付き）

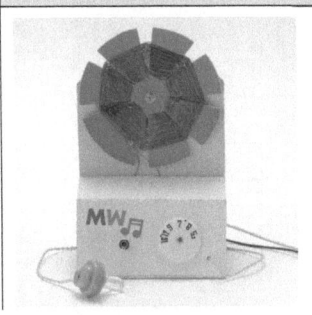

中波帯用ゲルマニューム・ラジオは、とても簡単に作れ、失敗がなく誰もが楽しめるラジオです。とくに、くもの巣状のコイルを持ったスパイダー・コイル型ゲルマニューム・ラジオは、昔風のイメージを持たれるのか大変人気があります。

でも音量が小さいので、少し大きくしたいと思うことがあります。そんな気持ちを叶えてくれる、"ちょっと、音量アップ"を実現する低周波アンプ付きのゲルマニューム・ラジオを製作しましょう。

コイル枠とボディは、厚さ1mmの厚紙を使いました。ボディはプラスチック・ケースを利用してもよいでしょう。

回路構成

図4－1に回路の構成図を示します。同調回路、検波部（検波回路）、低周波アンプ部（増幅回路）、電源部から構成されています。

受信システムは、電波を希望の放送局の周波数に合わせ

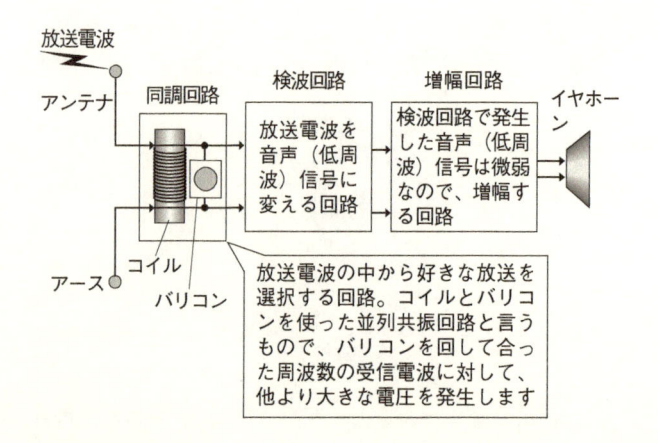

図4-1 スパイダー・コイルを使ったゲルマニューム・ラジオ構成図

て取り出す同調回路、取り出した電波を耳に聴こえる低周波信号に変える検波部、検波された信号を増幅する低周波アンプ部、低周波アンプ部に電源を供給する電源部の構成です。

ゲルマニューム・ラジオは、無電源ラジオとしての特徴をもっていますが、音を増幅するために、アンプ用の電源が必要となります。

回路図

図4-2に回路図を示します。

回路を順に説明しましょう。アンテナから入って来た電波は、コイル L_1 とバリコン VC_1 で構成される同調回路で選局され、選択された周波数の電波だけがゲルマニュー

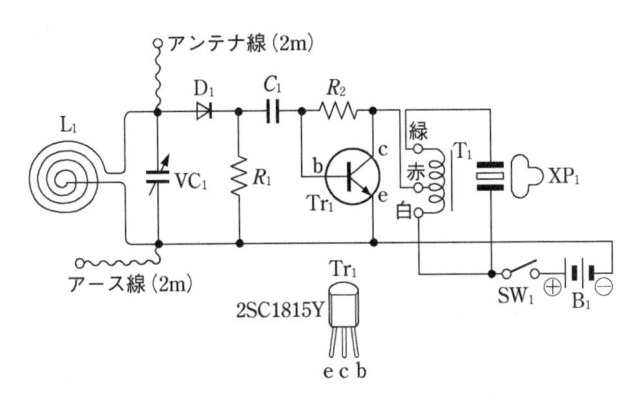

第4章 手作りラジオで放送や通信を受信して楽しむ

○アンテナ線（2m）

L₁：スパイダーコイル（8cmφの枠に0.4mmφエナメル線72回）
VC₁：ポリバリコン（AM用）
D₁：1N60
C₁：0.01μF（マイラーまたはセラミック）
R₁：470kΩ（¼W）
R₂：2.2MΩ（¼W）
Tr₁：2SC1815Y
T₁：ST-30
XP₁：クリスタル・イヤホーン
SW₁：小型トグル・スイッチ
B₁：単4乾電池2本（3V）
　　（乾電池ホルダー付）
厚紙：1mm厚
ビス（M3×10）、ナット、
平ワッシャー（3組）
5P平ラグ板

図4-2　回路図

ム・ダイオード検波器 D_1 に与えられます。検波器は、電波（高周波信号）を低周波信号に変える変換器です。

　検波出力はコンデンサ C_1 を通して、トランジスタ Tr_1 のベース電極に与えられます。増幅された信号はトランジスタのコレクタ電極から低周波トランス T_1 を通じて、耳に振動波で音を伝えるクリスタル・イヤホーン XP_1 に与えられます。電源は単4×2本で3Vです。

　この低周波アンプは簡易アンプとして、よく使用されています。

製作ガイド

それでは製作に入りましょう。**図4-3**にボディ部の

《この面に折り曲げ用の切り込みを入れます》

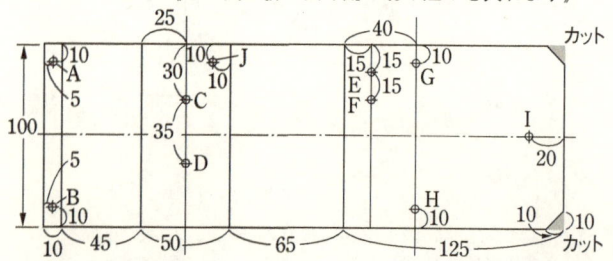

A,B,G,H：固定用ネジ穴
C：ポリバリコン用穴
D：トグル・スイッチ穴
E：アンテナ線穴
F：アース線穴
I：スパイダーコイル取付穴
J：イヤホーン穴

（単位：mm）

◎厚さ1mmの厚紙を使います

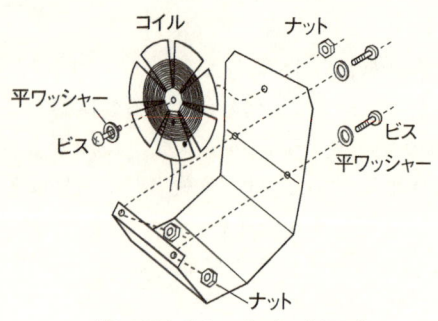

◎穴の大きさは、取り付ける部品に合わせて決めます

〈折り目を入れて曲げた状態図〉

図4-3　紙ケースの工作図

第4章 手作りラジオで放送や通信を受信して楽しむ

工作図を示します。スパイダーコイル用枠の型紙を**図4－4**に示します。コピーして、厚さ1mm程度の厚紙に写し取り、厚紙を切り抜きましょう。

このスパイダーコイルの枠に、直径0.4mmのエナメル線かホルマル線を12m、72回巻きます。引き出し線は、

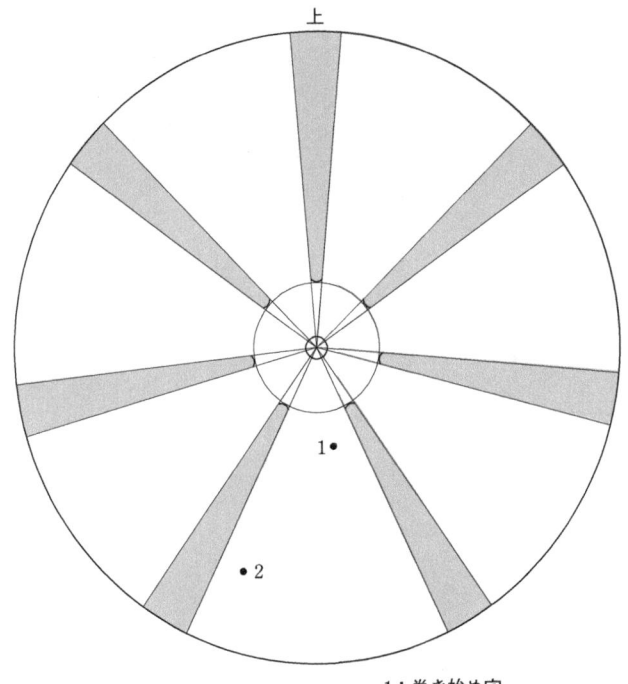

1：巻き始め穴
2：巻き終わり穴
▨：切り抜く
○：中心3.2mm φ の穴

図4－4　スパイダーコイル用枠の型紙

10 cmほど出しておきます。巻き方は**図4－5**を参考にしてください。また、**図4－6**に結線図を示します。

各部品は平ラグ板に組み上げ、スポンジ付きの両面テープでケース内に貼り付けると便利です。

参考までにケース内の様子を示します（**図4－7**）。

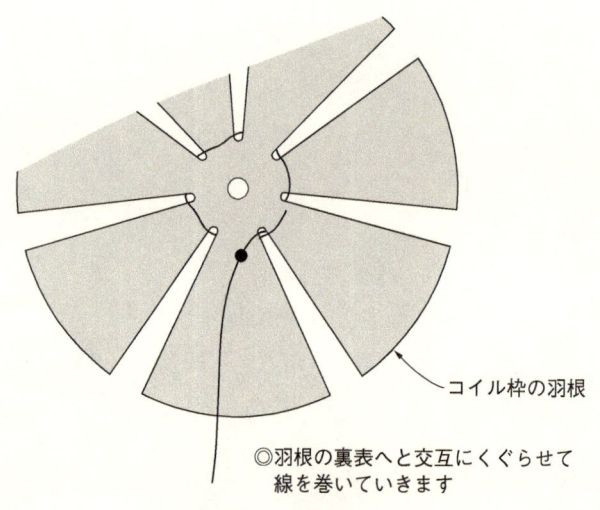

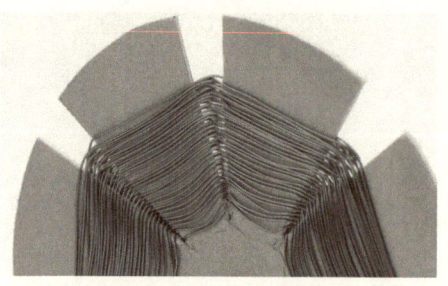

コイル枠の羽根

◎羽根の裏表へと交互にくぐらせて線を巻いていきます

図4－5　コイルの巻き方

第4章 手作りラジオで放送や通信を受信して楽しむ

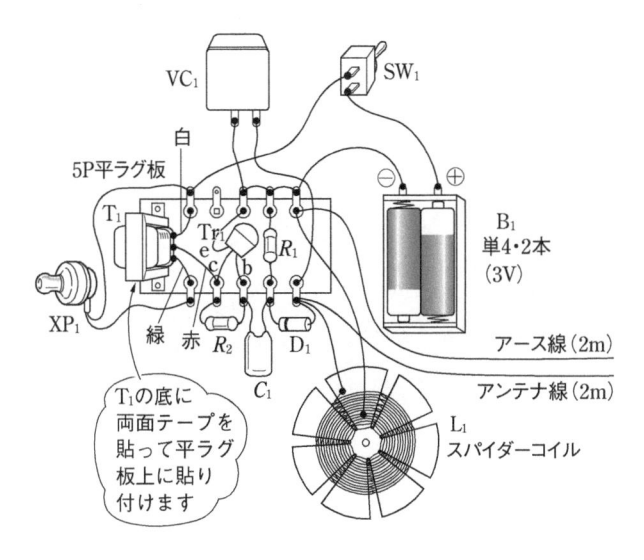

図4－6 結線図

動作チェック

製作が完成したら、配線のチェックをします。次に単4乾電池2本（3 V）を電池ホルダーに入れ、スイッチを入れます。動作中の回路電流が、0.3 mA程度でしたら大丈夫です。

使用法

屋外でも室内（窓際が最適です）でも、20～30 cmのアンテナ線で、十分に聴くことができます（NHK第1から文化放送の受信ができます）が、さらに強力に電波を受けるために、いくつかの工夫があります。

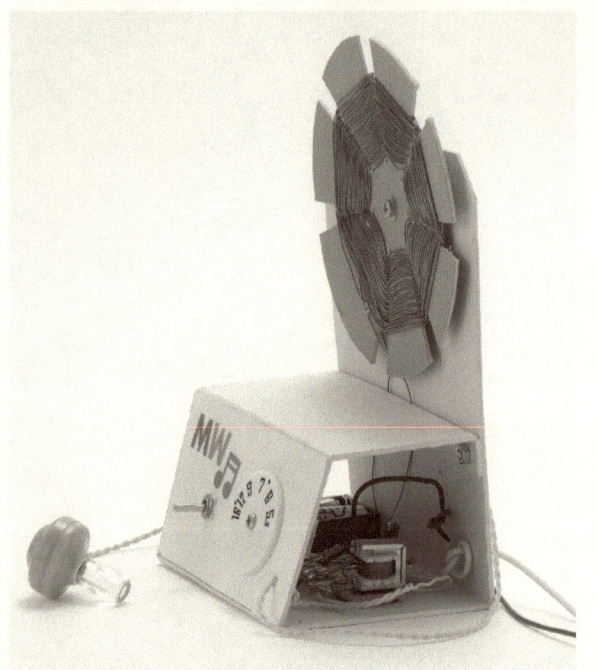

図4−7　ケース内レイアウトの様子

第4章　手作りラジオで放送や通信を受信して楽しむ

　まず、アンテナや代用アンテナはしっかりしたものを使いましょう。おなじみの鉱石ラジオ用アンテナを**図4-8**に示します。参考にしてください。

　電源コンセントにプラグが差し込まれている電気スタンド（スイッチがオフの状態で構いません）などのコードがあれば、ラジオのアンテナ線をそのコードに数回巻き付けてみましょう。手っ取り早くできて、効果絶大です。

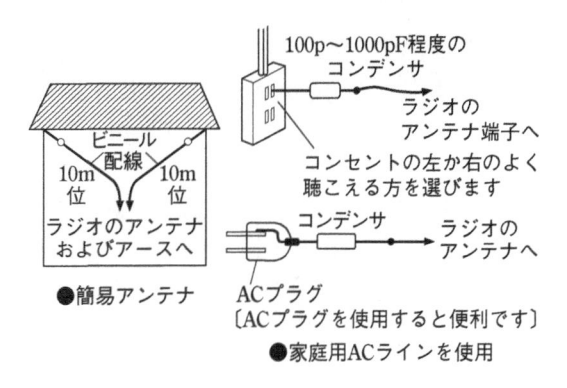

図4-8　鉱石ラジオ用アンテナのいろいろ

4-2 | VHF帯TVとエアーバンドが聴ける トランジスタ式超再生ラジオ

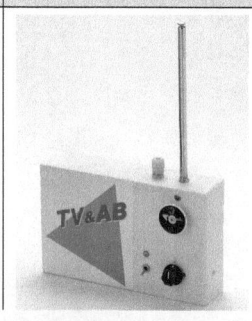

90 ～ 125 MHz の周波数帯ができるので、NHK － 1 CH、NHK － 3 CH の音声と、航空無線のエアーバンドが聴けます。民間航空のエアーバンドは、118 ～ 138 MHz あたりになっていますので、このラジオでは、受信範囲の上部が受信できません。でも、十分楽しめます。

このラジオは受信周波数の分離性能が高くないので、複数チャンネルの交信が、同じダイアル位置できれいに受信できます。

写真のようなプラスチック・ケースに入れれば、携帯向きなおしゃれな超再生ラジオになります。超簡単で高感度な多機能ラジオを持ち歩いてお楽しみください。

回路構成

VHF（超短波）帯のアナログ・テレビ音声は FM（周波数変調）電波です。また航空無線の音声は AM（振幅変調）電波なので、一般的には FM ラジオと AM ラジオの両方が必要となります。でもこのラジオでは AM ラジオであ

りながら、FM電波も聴いてしまうという芸当ができます。

AMラジオで、同調周波数を少しずらすと、FM検波ができてFM音声が聴けるスロープ検波を行わせるわけです。

そんな方式で受信するため、スムーズにテレビ音声と航空無線音声を連続的に受信できるのです。

回路図

図4－9に本機の回路を示します。低周波増幅2段を有する立派なものです。クリスタル・レシーバーで受信するようになっています。アンプを付けて、スピーカーで鳴らすと、楽しみが増します。その楽しみを叶えるために、ジャックを設けてみました。

コンデンサ C_2 は、高周波発振を起こさせるための帰還コンデンサで、コルピッツ発振回路として動作します。このコンデンサの値によって発振強さが変化します。容量値が大きくなるほど、発振強度も大きくなります。超再生検波は一種の発振源でもありますから、外部にいつも電波を発射しています。あまり強く発振させることは禁物です。

コンデンサ C_4 とベース側の電圧調整によって、クエンチング信号を作っています。調整を簡単にするために、ベース電圧の設定をボリュームを使わず、適正値を固定抵抗でまとめてみました。

検波されて発生した低周波成分は、低周波トランス T_1 によって出力され、トランジスタ Tr_2 と Tr_3 の低周波アンプ2段で増幅され、クリスタル・イヤホーンを鳴らします。

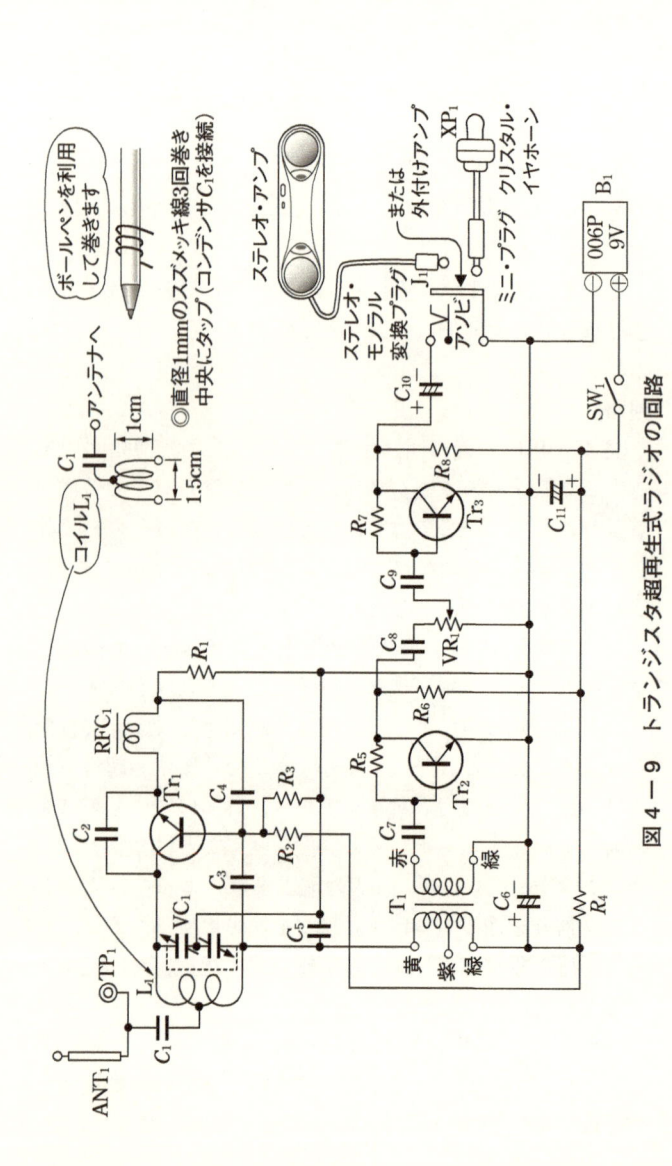

図 4-9 トランジスタ超再生式ラジオの回路

第4章 手作りラジオで放送や通信を受信して楽しむ

イヤホーンを2個にして、両耳に入れたり、二人で聴けるようにするとよいでしょう。

製作ガイド

図4－10に加工図、図4－11に結線図を示します。高さ110 mm、幅170 mm、奥行き40 mmのプラスチック・ケース（テイシン電機製TB-22）に、平ラグ板と立ラ

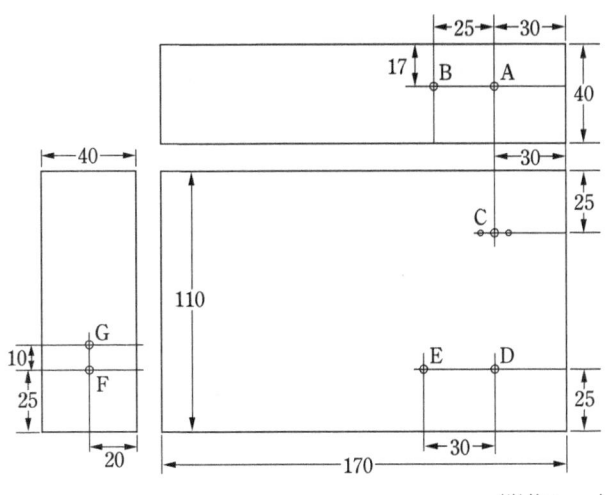

A：ロッド・アンテナ
B：アンテナ端子
C：ポリバリコン（FM用）
D：ボリューム
E：電源スイッチ
F：イヤホーン
G：ジャック

（単位：mm）

◎穴の大きさは、各部品に合わせて決めます

図4－10　筐体の加工図

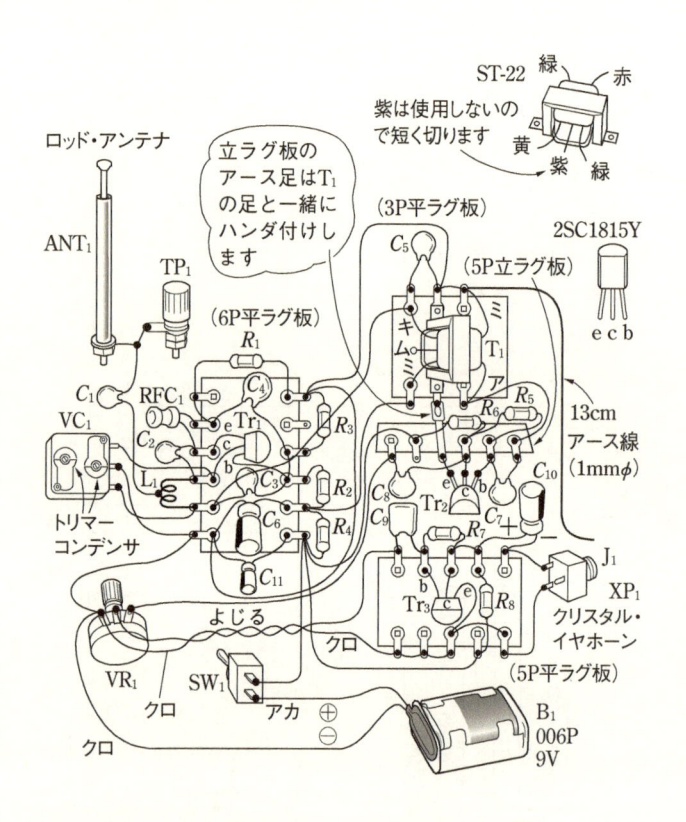

グ板を使用して部品を組み上げてから、組み込みます。

コイルは、直径 1 mm のスズメッキ線を直径 1 cm のボールペン軸に 3 回巻いて長さ 1.5 cm 幅で作ります。

バリコンは、20pF 2 連の FM 用ポリバリコンを直列接続して使用します。

アンテナは、市販のロッド・アンテナ（長さ 70 cm）を

第4章 手作りラジオで放送や通信を受信して楽しむ

L_1：回路図を参考にしてください
ANT_1：ロッド・アンテナ(70cm)
TP_1：中型端子
C_1：100pF(セラミック)
C_2：10pF(セラミック)
C_3：0.01μF(セラミック)
C_4：0.0068μF(セラミック)
C_5：0.01μF(セラミック)
C_6：10μF(16WV)
C_7：0.1μF(セラミックまたはフィルム)
C_8：0.1μF(セラミックまたはフィルム)
C_9：0.1μF(セラミックまたはフィルム)
C_{10}：10μF(16WV)
C_{11}：10μF(16WV)
R_1：750Ω(1/4W)
R_2：51kΩ(1/4W)
R_3：15kΩ(1/4W)
R_4：510Ω(1/4W)
R_5：510kΩ(1/4W)
R_6：4.7kΩ(1/4W)
R_7：510kΩ(1/4W)
R_8：4.7kΩ(1/4W)

VC_1：FM用2連ポリバリコン
　　　(20pF×2)
RFC_1：10μH
VR_1：小型ボリューム
　　　(100kΩ・AまたはB)
T_1：ST-22(8kΩ：2kΩ)
Tr_1〜Tr_3：2SC1815Y(トランジスタ)
XP_1：クリスタル・イヤホーン
　　　(ミニ・プラグ付)
J_1：3.5mm用ジャック
　　　(モノラル)
SW_1：小型トグル・スイッチ
B_1：006P 9V乾電池
　　　(スナップ、電池ホルダー付)
コイル電線：直径1mmスズメッキ線
ケース：TB-22
ボリューム用ツマミ
ダイアル盤
配線材(本文参照)
3P、5P、6P平ラグ板
5P立ラグ板

図4－11　結線図

使用します。

　バリコンとコイル間の距離は、できるだけ短くします。あまり長くなると、受信周波数が低くなります。

　平ラグ板や立ラグ板内の配線とラグ板間の配線も最短距離になるようにします。乾電池の006P(9V)の側面にスポンジ付き両面テープを付けて、ケース内に貼り付けます。

クリスタル・イヤホーンを接続します。

　ケースの表面に、文字シールを貼るなどして、かわいらしく仕立ててください。

動作チェック

　製作が完了したら、配線チェックをします。電源スイッチを入れて回路電流をテスターでチェックします。

　音量ボリューム最大（右方向いっぱい）で、3.5 mA程度でしたら大丈夫です。大電流が流れるようでしたら、電源がショートしていますから、すぐに電源を切って、配線を再チェックしましょう。

　次に、ロッド・アンテナを伸ばしてイヤホーンを耳にセットし、ボリュームを右に回していくと、サーというクエンチング音が聞こえてくるはずです。信号がはいっているところで、サーというクエンチング音が消えて、音声が聴こえてきます。

　ダイアルを左いっぱいに回し切る少し手前で、NHK − 1 CHの音声が、次に左方向に回していくとNHK − 3 CHの音声が聴こえます。さらに左方向へ回していき、左に回し切る手前から航空無線の交信音声が聴こえます。

　ただし、あまり大きなアンテナで使用するのはさけましょう。電波障害の発生源になります。テレビのそばで動作させると、画面にチラチラとノイズ（雑音）を発生しますから、注意してください。

　逆にテレビ画面を見ながら、本機の動作チェックができます。本機をテレビ（1 CH）のそばにもって行き、超再生ラジオのダイアルを回すと、テレビ画面にシマ模様が発

生します。そこのダイアル位置がNHK－1CH付近のポイントとなります。

次にテレビを3CHにセットして、また超再生ラジオのダイアルを回します。同じく画面上にシマ模様が発生したら、そこがNHK－3CH付近のポイントとなります。ダイアルのツマミにマーキングしてください。

ダイアルを左側にいっぱい回し切る手前で、NHK－1CHのポイントが大きくズレるようでしたら、バリコンの裏側に付いているトリマー・コンデンサ（2ヵ所）を回して、ダイアル・ポジションを調整します（**図4－12**）。

また受信可能な周波数範囲を、コイル L_1 の巻き幅を指で少し狭めたり（受信周波数範囲が低くなります）、広げたり（受信周波数範囲が高くなります）して調整します。

どちらかの可動側を固定側の中に入れると受信周波数が下がります

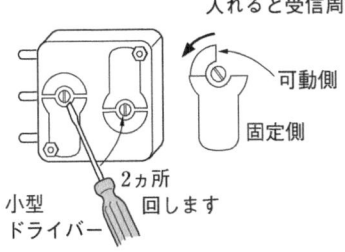

可動側

固定側

小型ドライバー　2ヵ所回します

バリコンの裏側にあるトリマー部分を回して受信周波数の範囲を調整します

図4－12　受信ポイントの調整法

航空無線の交信では、専門用語が使われています。交信手順や使われている用語に関しては、講談社ブルーバックス『航空管制の科学——飛行ラッシュの空をどうコントロールするか』(園山耕司 著)に詳しく解説されています。参考にされるとよいでしょう。

使用法

　スピーカ・アンプと呼ばれる機器が市販されています。このスピーカ・アンプはステレオ用なので、スピーカ・アンプ側のプラグをそのまま超再生式受信機のモノラル用ジャックに入れると、片側だけのスピーカーが鳴ります。

　両方のスピーカを鳴らすには、ステレオミニジャック→ミニプラグの変換アダプタを使用します。

注)航空無線周波数帯(エアーバンド)を聴いて楽しむ心構え(重要な注意事項です)

　この超再生式受信機では、放送電波の受信のほかに、航空無線通信電波が受信できます。放送電波は、多くの不特定多数の人々が受信して楽しむために提供されているもので、受信には何の制約もありません。自由なのです。

　しかし、航空無線は特定の相手同士(管制室と航空機、航空機同士など)が交信する業務通信です。誰にでも聴いてもらうためのものではありません。

　そこで、航空無線通信を聴く(一般的には、傍受すると言います)場合には、誰でも電波法に従わなければなりません。

第4章 手作りラジオで放送や通信を受信して楽しむ

■電波法第59条（秘密の保護）
　何人も法律に別段の定めがある場合を除くほか、特定の相手方に対して行われる無線通信（電気通信事業法第4条第1項又は第90条第2項の通信であるものを除く。第109条並びに第109条の2第2項及び第3項において同じ。）を傍受してその存在若しくは内容を漏らし、又はこれを窃用してはならない。

　航空無線電波（周波数帯は公開されています）を受信して、自分ひとりだけで楽しむことは問題ありませんが、その通信内容を他の人に話したり、利用してはいけないことを意味しています。受信したら、通信内容の秘密を厳守するのが鉄則です。絶対に守ってください。

4-3 　中波と短波が聴ける 2石＋1IC 2バンド・ラジオ

　国内放送は中波帯ですが、夜間になれば電離層反射で各地の放送が楽しめます。さらに短波帯になれば、電離層の反射も活発なので、いろいろな海外放送を聴くことができます。中国、台湾、インドネシア、韓国、北朝鮮、モンゴル、ロシア、タイ、アメリカ、ヴァチカン、ヴェトナム……と、多くの海外放送局が日本語放送をしています。

回路構成

　これからご紹介するラジオは、再生部（トランジスタ）、検波部（ゲルマニューム・ダイオード）、低周波増幅1段目（トランジスタ）、低周波パワー増幅部（IC）の構成で、スピーカを鳴らすこともできます。

　この受信機のバリコンは特別なものではなく、一般的なポリバリコンで、どこでもすぐに手に入れることができます。そこで、中波帯の市販バー・アンテナを組み合わせて中波帯を受信し、また自作のコイルを付けて短波帯を受信するようにしました。

海外放送を受信する短波帯の周波数は、海外放送が一番賑わっている 6 M ～ 13 MHz をカバーする範囲に設定してあります。

東京・小平市（新宿から電車で 30 分ほど西の郊外）の木造の家で、アンテナを張らずにアンテナ代わりにビニール線を AC コンセントの一方にコンデンサを介して差し込み、それをラジオのアンテナ端子に接続して試してみました。

すると、このラジオの受信範囲の上限に近い周波数である 11810 kHz の韓国 KBS 国際放送が SINPO44444（図 5 － 12 参照）でガンガンと受信できました。さっそく、両局に受信レポートを送り、受信証をいただきました。

そのほか中国国際放送（北京放送）、自由中国の声（台湾）、ロシア放送の各日本語放送も同じく SINPO44444 で受信できました。

回路図

図 4 － 13 に回路を図示します。この回路図をよく見ると、ゲルマニューム・ラジオによく似ています。基本的にはゲルマニューム・ラジオと同じ構成で、同調回路に再生回路を組み合わせたものです。

自己発振寸前の状態になると、同調回路の性能を示す Q の値が見かけ上高くなり、選択度と感度を上げることができます。ここで、トランジスタ Tr_1（2SC1815Y）で発振寸前状態を作り、性能のよい同調回路を作ると、感度がレベルアップします。

同調回路で選択された電波は、発振手前の再生状態でレ

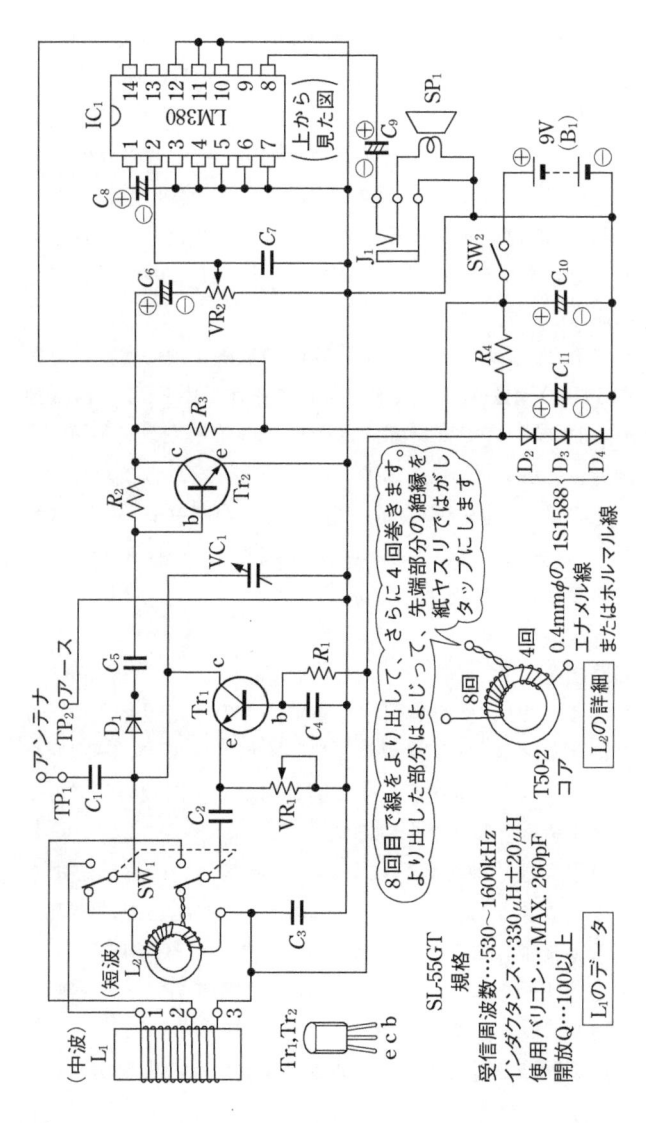

回路図

- IC$_1$ LM380 (上から見た図)
- SP$_1$
- 9V (B$_1$)
- SW$_2$
- C_{10}, C_{11}, R_4
- D$_2$, D$_3$, D$_4$: 1S1588
- 0.4mmφのエナメル線またはホルマル線

L$_2$の詳細

T50-2コア、8回、4回

8回目で線をより出して、さらに4回巻きます。より出した部分はよじって、先端部分の絶縁を紙ヤスリではがしタップにします

- TP$_1$ アンテナ
- TP$_2$ アース
- C$_1$, C$_2$, C$_3$, C$_4$, C$_5$, C$_6$, C$_7$, C$_8$, C$_9$
- D$_1$
- Tr$_1$, Tr$_2$
- R$_1$, R$_2$, R$_3$
- VR$_1$, VR$_2$
- VC$_1$
- SW$_1$
- L$_1$ (中波) 1, 2, 3
- L$_2$ (短波)

Tr$_1$, Tr$_2$ e c b

SL-55GT 規格

受信周波数…530〜1600kHz
インダクタンス…330μH±20μH
使用バリコン…MAX. 260pF
開放Q…100以上

L$_1$のデータ

第4章 手作りラジオで放送や通信を受信して楽しむ

L_1：SL-55GT（あさひ通信）
L_2：回路図を参考にしてください
VC_1：ポリバリコン
Tr_1：2SC1815Y
Tr_2：2SC1815Y
IC_1：LM380
D_1：1N60
D_2：1S1588
D_3：1S1588
D_4：1S1588
R_1：100kΩ（¼W）
R_2：1MΩ（¼W）
R_3：2.2kΩ（¼W）
R_4：120kΩ（¼W）
C_1：220pF（セラミック）
C_2：1000pF（スチロール）
C_3：0.01μF（セラミックまたはマイラー）
C_4：1000pF（スチロール）
C_5：0.01μF（セラミックまたはマイラー）
C_6：10μF（16WV）
C_7：0.01μF（セラミックまたはマイラー）
C_8：10μF（16WV）
C_9：220μF（16WV）
C_{10}：470μF（16WV）
C_{11}：47μF（16WV）

VR_1：100kΩ（B）16mmφ
VR_2：10kΩ（B）16mmφ
SW_1：単切りトグル・スイッチ（小）
SW_2：2回路ON-ONトグル（小）
TP_1：ターミナル（中）
TP_2：ターミナル（中）
J_1：イヤホーン・ジャック
SP_1：小型スピーカ（8Ω）57mmφ
B_1：単3アルカリ乾電池6本

その他
乾電池ケース（9V用　単3・1.5V 6本）
8Ωマグネチック・イヤホーン
ICB-96プリント基板2枚
ツマミ（中）2個
0.8mmφスズメッキ線
0.4mmφエナメル線またはホルマル線
470kΩ（½W）モニター用
クリスタル・イヤホーン モニター用
スコッチマウント両面テープ
電池スナップ端子
スペーサー（30mm）4個

図4－13　2石＋1IC 2バンド・ラジオの回路図

ベルアップされ、ゲルマニューム・ダイオード D_1（1N60）に送られて検波され、電波が低周波（音声）信号に変換されます。

ゲルマニューム・ダイオード D_1 で生じた低周波信号は、トランジスタ Tr_2（2SC1815Y）の1段目の低周波増幅回路で、蚊の鳴く声もシッカリ聞こえるレベルにします。さらにスピーカを鳴らすために、IC_1（LM380）の低周波パワー IC で低周波信号をさらに大きく増幅しています。

中波帯のコイル（SL-55GT）と短波帯のコイル（リングコアを使用しての自作）は、2回路 ON-ON 型のトグル・スイッチを用いて簡単に切り替えられるようにしてあります。主電源は9Vで、寿命をもたせるために、単3アルカリ乾電池6本組みとしています。

トランジスタ Tr_1 による発振回路部に供給する電源は、シリコン・ダイオード（1S1588）を3個使用して、簡単な定電圧回路を構成しています。ダイオードを3個直列にしていますから、およそ2V（製品のバラツキで多少の発生電圧の違いが生じます）の定電圧を作って安定した発振ができるようにしてあります。

以上のように、2バンドラジオはとても簡単な回路で構成されています。本当にこれで海外放送が聴こえるのか、と思われるでしょうが、だいじょうぶ保証します。

製作ガイド

図4－14に製作図を示します。部品はすぐに入手できるものがほとんどですが、自作コイルに使用したリングコア（アメリカ製 T50-2）は、お店を探す必要があるかもし

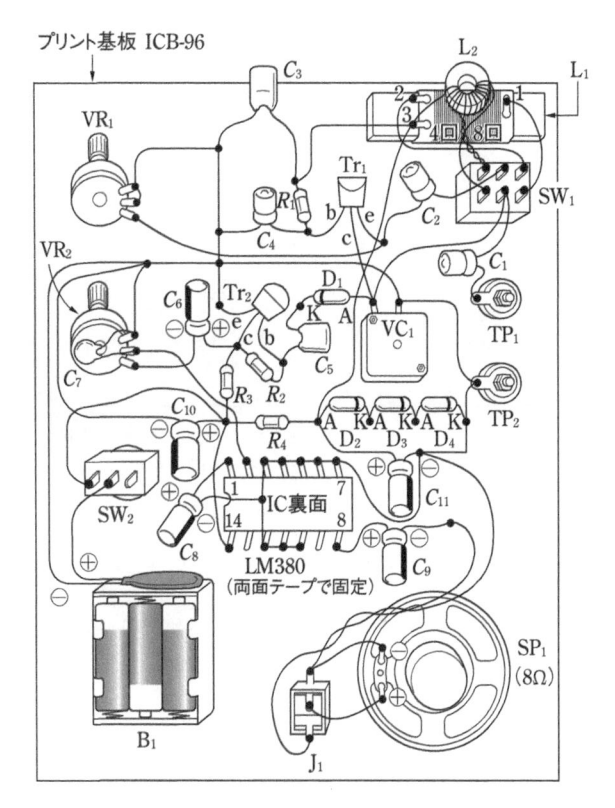

第4章　手作りラジオで放送や通信を受信して楽しむ

図 4 − 14　製作図

れません。私は東京・秋葉原ストア内のパーツ店で購入することができました。インターネット通販でも入手可能です。

部品を取り付ける基板は、サンハヤト製穴あきプリント基板（ICB—96：160 mm × 115 mm）を使用してパネル

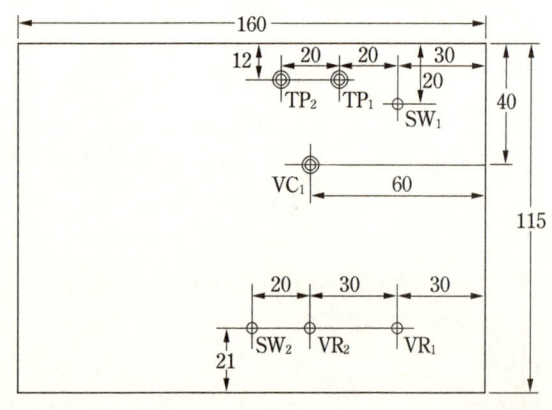

(単位：mm)

◎穴の大きさは、各部分に合わせて決めます

図 4 − 15　穴あけ図

兼用としました。穴あけ図を示します（**図 4 − 15**）。

トランジスタやダイオード、抵抗、コンデンサなどの部品の取り付けは、**図 4 − 16**のように基板を通さずに、片面のパターン上に組み上げました。

直径 1 mm のスズメッキ線を使用して、基板上にアース・ラインを張り巡らします。自作のコイルは、図 4 − 13 の回路図にあるようにリングコア（T50-2）上に直径 0.4 mm のエナメル線かホルマル線を巻き、8 回目でタップ用に線をより出し、さらに 4 回巻いて終了です。

コイル L_1（中波帯）の上にちょっと浮かせて自作のコイル L_2（短波帯）を配置します。なるべくバンド切り替えスイッチ・SW_1 の近くに配置しましょう。

コイル L_1（中波帯）は、裏面に両面テープを貼って、

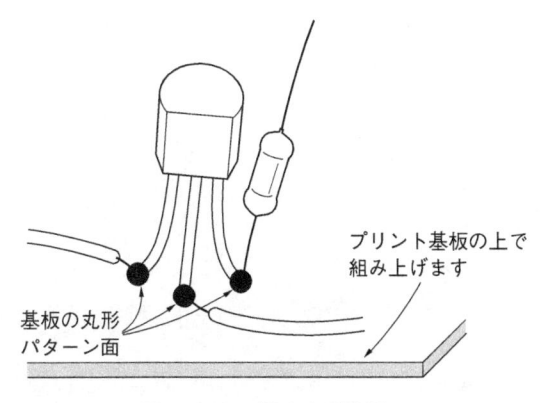

図の中のラベル:
- プリント基板の上で組み上げます
- 基板の丸形パターン面

図 4 − 16　組み上げ方法

基板に固定します。また IC$_1$（LM380）も、IC の背中にこの両面テープを貼って、基板に固定させています。

電池ホルダー部分に両面テープを貼って基板に貼り付けます（**図 4 − 17**）。

注）丸穴パターン付きプリント基板を利用して工作する場合の注意

薄いベーク板が素材ですから、バリコンやスイッチ、ボリューム等の取り付け穴をあけるとき、あまり大きな力を加えると基板を破損することになります。優しくゆっくりと加工しましょう。下穴は、木工用キリを使ってから、リーマーで穴を拡大するときれいに仕上げられます。

それから、基板上にあるランド（ハンダ付けするための銅箔パターン面）は、熱を加え過ぎるとはがれますから、手際よく作業します。もしはがれたら、まだはがれていな

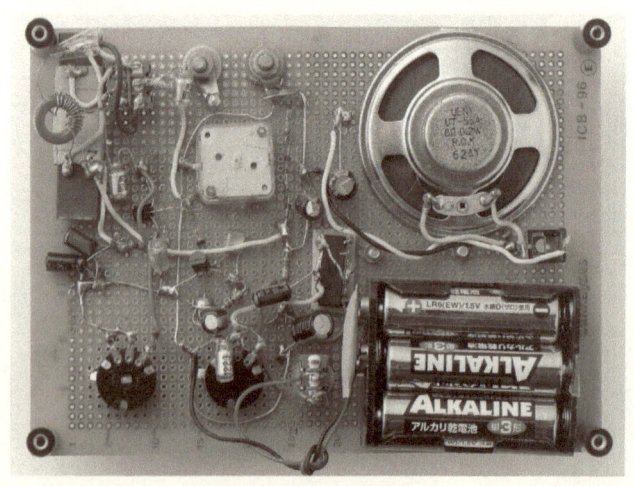

図4－17　内部

い部分を探して、空いているところを使用しましょう。

動作チェック
①組み上がったら回路の動作チェックをします。
　まず、チェック用の「モニター・テスター」を作りましょう。**図4－18**に「モニター・テスター」を示します。回路は簡単です。クリスタル・イヤホーン1個と抵抗1個の組み合わせだけです。両部品を並列に接続し、ハンダ付けしましょう。これで完成です。音を聴くテスターです。
　「モニター・テスター」を使って、チェックをします。**図4－19**のように、電源を入れずに中波帯でゲルマニューム・ラジオ動作を確認します。
　まず製作した「モニター・テスター」の一方を、コンデ

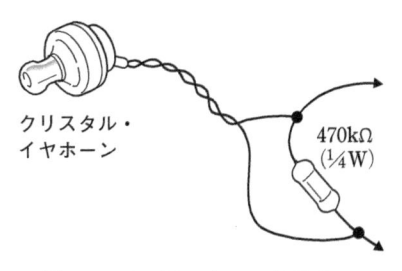

第4章　手作りラジオで放送や通信を受信して楽しむ

図4－18　モニター・テスター

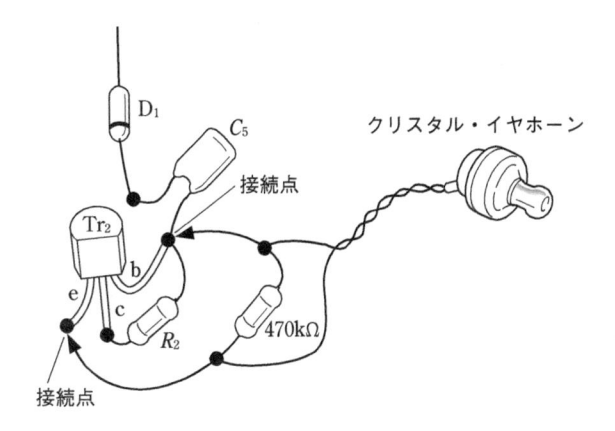

図4－19　電源を入れずに中波帯でゲルマニューム・ラジオ動作を確認

ンサ C_5（0.01μF）の出力部と、もう一方をアース部（アースラインならどこでも）にハンダ付けします。

アンテナ端子に5mほどのビニール電線を接続します。木造の家の方は、ACコンセントの片側一方に接続しても

よいでしょう。ただし、アンテナ端子にコンデンサ C_1 が接続されていることを確認しておいてください。感電防止用です。図4－20 を参考にして下さい。

アンテナ線を接続して、バンド・スイッチ SW_1 を「中波帯」にし、バリコン VC_1 を回転すると小さい音ですが、中波ラジオが聴こえるはずです。もし聴こえなかったら、うまく回路のハンダ付けができていなかったり、ゲルマニューム・ダイオードの極性が逆になっていないか、調べます。どこかの放送が受信できれば第1段階は終了です。

②中波帯放送での音が大きくなるか、サーという再生音が出るか確認します。

聞こえている状態のままで、コンデンサ C_6（$10\mu F$）のマイナス極に接続されている線をちょっと外します。

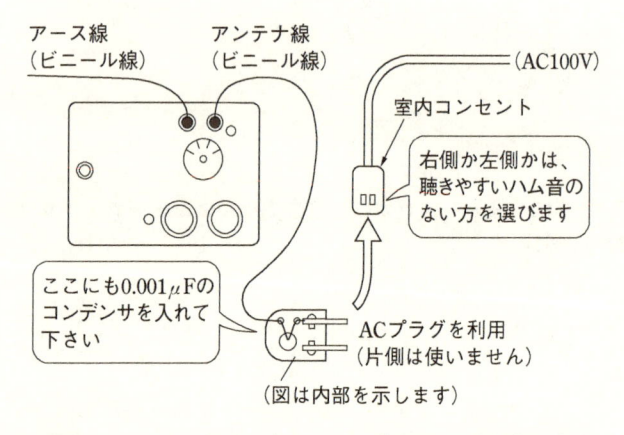

図4－20　ACラインをアンテナ代わりに利用する方法

第4章　手作りラジオで放送や通信を受信して楽しむ

　その代わりに「モニター・テスター」の一方を接続し、もう一方をアース部（アースラインならどこでも構いません）にハンダ付けしましょう。

　低周波増幅1段目の動作と発振部のチェックです。乾電池をセットして、電源スイッチ SW_2 を入れましょう。動作が正常なら、回路電流が 14 〜 15 mA 程度流れます。

　電源の乾電池ケースの＋端子とスナップの＋端子の間に、テスターを電流測定レンジにしてテスト棒を接続します。かなり大きな電流が流れるようでしたら、どこかがショートしている可能性があるので、すぐに電源を切って配線の再チェックをしましょう（**図4－21**）。

　①で聴いた小さな放送の音が、ある程度大きな音になるはずです。そして、再生用のボリューム VR_1 を回してみましょう。ピューという発振音がして、放送音の強弱変化が得られれば、もうほとんど完成です。

　ここで、SW_1 のバンド・スイッチを「短波帯」にしてみましょう。海外放送が聴こえるはずです。ボリューム VR_2 を再調整しながら、音声が一番大きくなるよう設定します。もし、うまく動作をしない場合には、トランジスタの足の配線や部品の接続不良がないか調べましょう。

　この段階でのチェックが済んだら、電源スイッチ SW_2 を切りましょう。

③低周波パワー増幅部の動作確認
　②で配線を外した部分（コンデンサ）C_6（10 μF）のマイナス極に接続されている線を戻してハンダ付けしましょう。

14〜15mAを指示

本機の
乾電池ケース

SW₂の
電源スイッチを
入れます

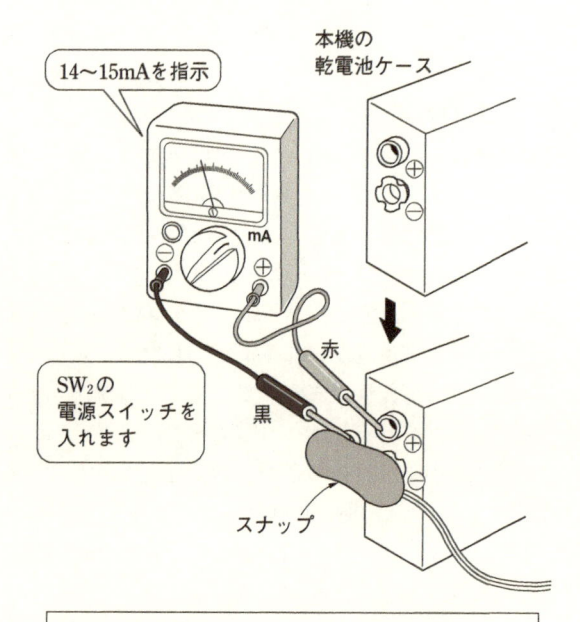

赤
黒
スナップ

> 乾電池ケースの⊖端子だけスナップを取り付け、乾電池ケースの⊕端子とスナップの⊕端子の間にテスターのテスト棒を接続して回路電流を測定します

図4−21　回路電流の測定

　電源スイッチ SW_2 を入れます。IC_1 の配線が正しければ、ボリューム VR_2 を回したとき、スピーカーから放送の音が聴こえるはずです。なお、イヤホーンから音が出てこない場合には、イヤホーン・ジャックの配線違いや、IC_1 の部品接続の間違いが考えられます。再確認しましょう。

第4章　手作りラジオで放送や通信を受信して楽しむ

使い方

①アンテナとアース

　受信機の命はアンテナとアースです。屋外に垂直か水平なビニール線を 10 m ぐらいのアンテナにし、数 m のアース代用線が接続できたら、受信が可能です。

　もちろん木造家屋でしたら、アンテナ代用の AC コンセントでも可能です。この場合にも数 m のビニール線をアース端子に接続すると、さらに聴きやすくなります。

②再生のかけかた

　中波帯の場合には、ほとんど放送電波が強力なため、再生をほとんどかけずに聴いています。場所によっては、再生をかけた方がよい場合があるかも知れません。

　短波帯では、放送局のところでビートが聴こえます。再生用のボリューム VR_1 をゆっくり回して、放送の音声がいちばん大きくなるポイントをセットします。長いアンテナ線とアース線がしっかりしていると、設定中に手が接近してもその影響は小さいようです。

③短波帯のコイルを変更したい場合

　本機では、6 MHz から 13 MHz 帯を聴くようにしましたが、もし、4 MHz から 10 MHz 帯を聴きたい場合には、**図 4 − 22** に示すコイルを作れば可能です。このコイルを作って、バンド切り替えを増やし、3 バンドにするのもよいでしょう。

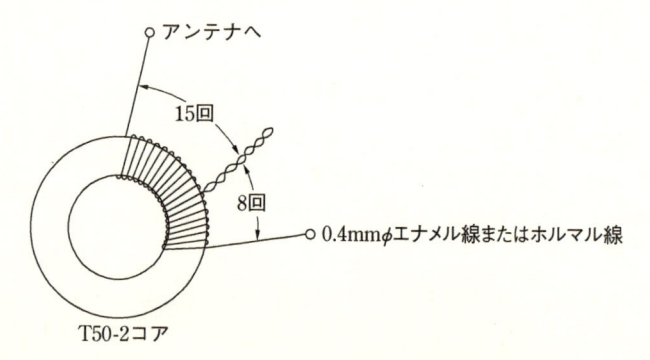

図 4 − 22　4MHz から 10MHz 帯用のコイル

4-4 　真空管で中波放送を聴く2球再生式ラジオ

　真空管を使用した中波ラジオの製作です。昔、並四（4球ラジオ）が主流の時代に性能のよい真空管が登場し、1球減った並三ラジオが誕生した歴史があります。さらに、この3球ラジオを1本減らしての2球化です。

回路構成

　高圧の電圧整流に使っている整流管を、安価な整流用のシリコーン・ダイオードに切り替えたので、2球になりました。このラジオも再生式です。

回路図

　図4－23に、実際に製作する2球再生式中波ラジオの回路図を示します。家庭用AC100 V電源を電源トランスT_1に与えて、真空管のヒーター用と高圧電極用の交流出力を得ます。

　高圧用電源は、まずダイオードD_1で整流され、コンデンサC_9と抵抗R_7、それとコンデンサC_{10}で構成される平

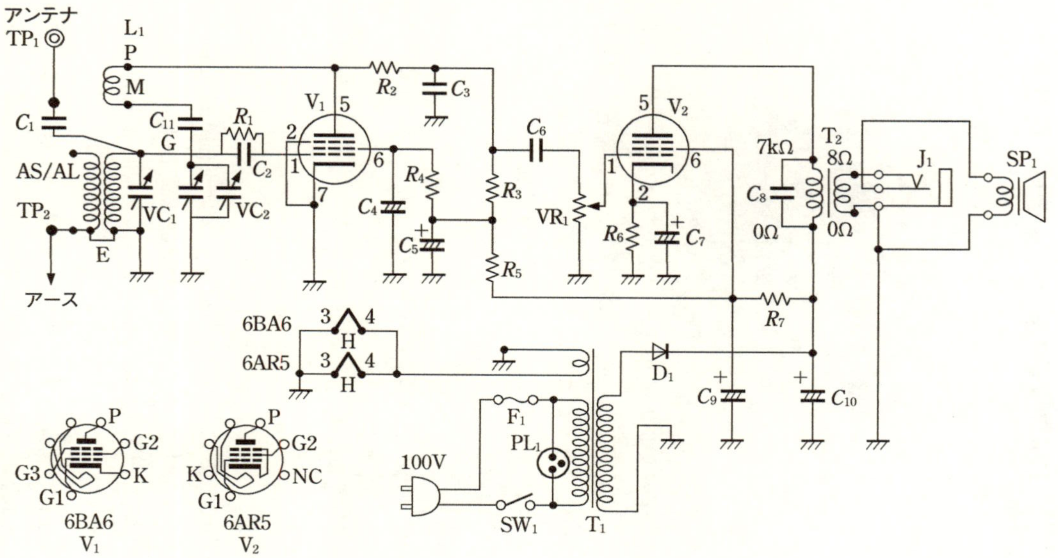
アンテナ
TP1
L1
P
M
C1
C11
G
R1
C2
AS/AL
TP2
VC1
VC2
E
アース
V1
5
2
1
6
7
R2
C3
C4
R4
C5
R3
R5
C6
VR1
V2
5
1
6
2
R6
C7
7kΩ
T2
8Ω
C8
0Ω
0Ω
J1
SP1
R7
6BA6
6AR5
3
4
H
D1
C9
C10
F1
PL1
100V
SW1
T1
P
G2
G3
K
G1
6BA6
V1
P
G2
K
NC
G1
6AR5
V2

第4章 手作りラジオで放送や通信を受信して楽しむ

(ベース関係)
真空管　V_1：6BA6、V_2：6AR5
　T_1：電源トランス
　　　　250V/30mA・6.3V/1A
　T_2：アウトプット・トランス(1〜2W)
　L_1：コイル(ミズホ製N-4A)など
　R_1：1MΩ(1/2W)
C_1, C_2：220pF(セラミック) 2個
　F_1：小型ヒューズホルダ・ヒューズ(1A)
　SP_1：スピーカ
　　　　(イーケージャパン：2W・77cm)
　J_1：ミニ・ジャック

真空管ソケット(7ピン用)2個
スピーカ取付金具(L型大)2個
基板(サンハヤト：ICB-96)2個
スペーサー(30mm)6本
1P立ラグ板
電源コード(プラグ付2m)

(主電源ユニット)
　D_1：ダイオード(S5277N：1kV・1A)
　R_7：2kΩ(5W)(セメント)
$C_{9, 10}$：22μF(350WV)2個
5P平ラグ板

(線材)
・赤、黄、青、黒(各1m)、アンテナ用
　(青5m)、1mmφスズメッキ線(1m)

(真空管回路ユニット)
R_2：10kΩ(1W)
R_3：240kΩ(1/2W)
R_4：1MΩ(1/2W)
R_5：51kΩ(1W)
R_6：750Ω(2W)
C_3：220pF(500Vマイカ)
C_4：0.1μF(400Vマイラー)
C_5：3.3μF(350WV)
C_6：0.01μF(マイラー)
C_7：3.3μF(50WV)
5P平ラグ板

(アウトプット・トランスまわり)
C_8：0.0047μF(セラミック)

(前面パネル関係)
$TP_{1, 2}$：ターミナル(青・黒)
　PL_1：ネオンランプ
　　　　(100V用抵抗入り)
　SW_1：小型トグル・スイッチ
　VR_1：ボリューム(500kΩ)
　VC_1：バリコン(AM用)
　VC_2：バリコン(FM用2連)
　C_{11}：0.01μF(マイラー)
3P立ラグ板
基板取付金具(L型中)2個
バリコン用ツマミ：目盛り板2個
基板(サンハヤト：ICB-93S)

図4－23　2球再生式ラジオの回路図

滑回路を通して直流化され、真空管のプレートやスクリーン・グリッドに与えられます。

図4－24①の回路が基本的な再生検波回路です。②は4－6で使用する超再生検波回路プレート出力の高周波成分の一部を L_3 を介してグリッドへ返しています。この状

①一般的な再生検波回路
（本書の2球再生式ラジオと同じです）

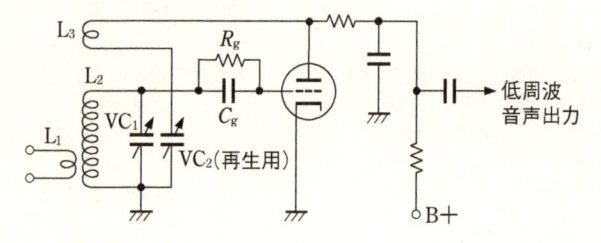

②超再生検波回路

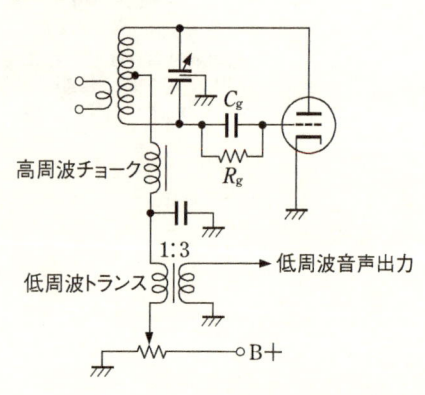

図4－24　再生検波回路と超再生検波回路

態は正帰還とよばれ、発振しやすい回路です。VC_2 が再生調整用バリコンで、帰還の量を調整し、発振直前にセットします。このときがいちばん同調回路の性能 Q が高まり、受信感度が上がります。

この状態で入力信号が検波されて、プレート側からの低周波信号成分を後段の電力増幅部に送り、パワーアップしてスピーカを鳴らせます。

図4－23の真空管 6BA6（V_1）が再生検波部で、真空管 6AR5（V_2）が電力増幅部です。

製作ガイド

真空管セットを組み立てる場合、アルミ製シャーシを使いますが、入手が難しくなったことと、加工に手間取るので、ここでは、穴あき基板を使うことにしました。加工しやすいですが、割れやすいので、気を付けて工作します。

基板は、トランス類、コイル、真空管などをのせる基板 A（ICB－96：160 mm × 115 mm）、底板の基板 B（基板 A と同じ）、バリコン 2 個、ボリューム・スイッチを取り付ける基板 C（ICB－93S：95 mm × 75 mm）の 3 枚必要です（**図4－25**）。

スピーカは、L 金具（大）2 個を使用して右側面に貼り付けます。基板 A と B は、6 本の 30 mm 長のスペーサーを使って合わせます。

基板 B と基板 C は、L 金具（大）を使って、ネジで固定します。電源トランスは、立て形のものをサトー電気から通販で入手しました。規格は、1～2 球用電源トランスで、1 次側は AC100 V、2 次側は 250 V/30mA・6.3 V/1A

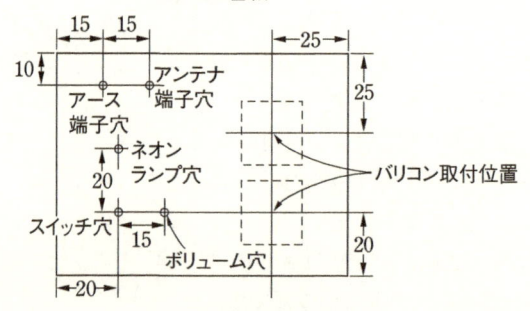

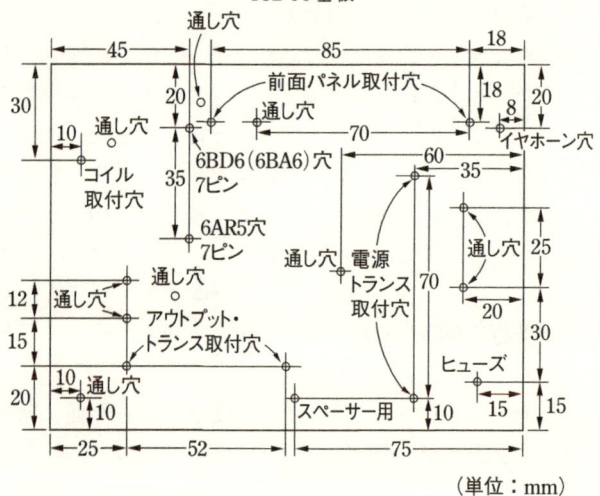

図 4 − 25　基板加工図

（単位：mm）

のものを使用します。伏せ形トランスの場合には、L金具を使って固定します。

市販の270pFポリバリコン用並四コイル（ミズホ通信機製 N − 4A）を使用していますが、トランジスタ用のバーアンテナを流用しても構いません。

再生用のポリバリコンは、FM用の20pF2連バリコンを並列接続し、耐圧改善用に直列に0.01μFのコンデンサを接続して使います。

図4−26に製作図を、**図4−27**に各部のクローズアップを示します。

動作チェック

配線が完了し、チェックが完了したら、1m程度のビニール線の先をむいてアンテナ端子に接続します。ヒューズ、真空管をセットして、電源スイッチをオンにします。テスターを使って、整流電圧を測定して、直流電圧280Vから300V程度あればOKです。

真空管のヒーターが赤くともると、何か音が出てきます。同調用バリコンVC_1を回すと放送が聴こえてきます。次に、再生用のバリコンVC_2を回して、放送が一番聴きやすい状態になるようセットします。

放送局を変えるたびに、再生レベルの調整をします。

FM
バリコン

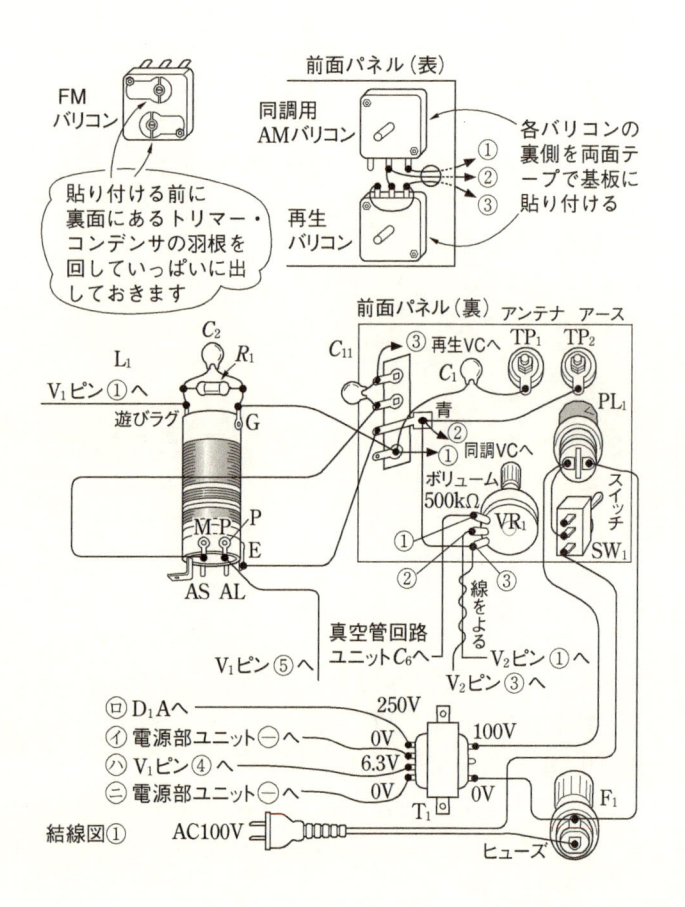

貼り付ける前に裏面にあるトリマー・コンデンサの羽根を回していっぱいに出しておきます

前面パネル（表）

同調用
AMバリコン

再生
バリコン

① ② ③

各バリコンの裏側を両面テープで基板に貼り付ける

前面パネル（裏）　アンテナ　アース

C_2
L_1
V_1ピン①へ
R_1
遊びラグ
G
C_{11}
③ 再生VCへ
C_1
TP_1　TP_2
青
② 同調VCへ
① 同調VCへ
PL_1
ボリューム
500kΩ
VR_1
スイッチ
SW_1
M-P　P
E
AS　AL
① ② ③
V_1ピン⑤へ
真空管回路
ユニットC_6へ
線をよる
V_2ピン③へ
V_2ピン①へ

ロ D_1Aへ ─── 250V
イ 電源部ユニット⊖へ ─── 0V　100V
ハ V_1ピン④へ ─── 6.3V
ニ 電源部ユニット⊖へ ─── 0V　0V
T_1
F_1

結線図①　AC100V

ヒューズ

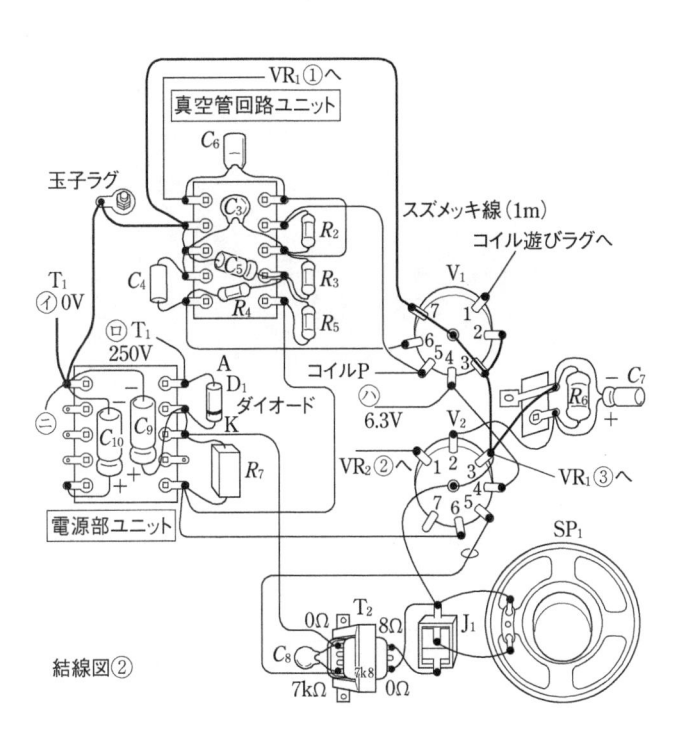

第4章 手作りラジオで放送や通信を受信して楽しむ

図4 − 26 製作図

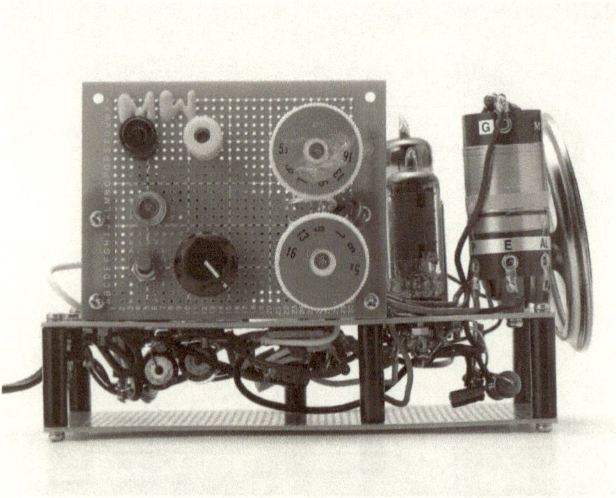
MW
G
E

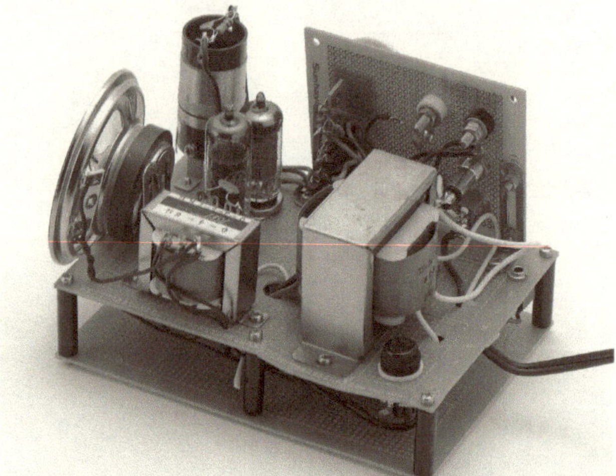

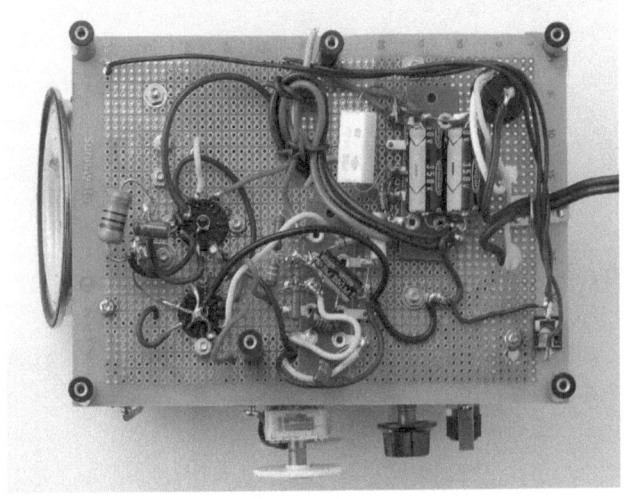

第4章 手作りラジオで放送や通信を受信して楽しむ

図4−27 各部のクローズアップ

4-5 真空管とトランジスタの混成で短波を聴く1球+1石 0-V-1ラジオ

短波放送を楽しむ簡単ラジオで、クリスタル・イヤホーンで聴きます。

回路構成

検波部を真空管1本、低周波増幅部をトランジスタ1個でまとめたラジオで、3M〜11MHz帯の短波を受信するラジオです。簡単な構成ですが、ラジオ NIKKEI（旧・日本短波放送）や中国国際放送などの受信ができます。3.5MHz帯のハムの電信交信も受信できました。

回路図

回路を図4－28に示します。

このラジオは再生検波方式ですが、2球式ラジオとは異なる方式を採用しています。この方式は、短波用再生ラジオで、よく使用されています。

この方式では、再生をかけるとき、再生のレベルは大きくありませんが、同調周波数が変化しにくいことや、弱い

第4章　手作りラジオで放送や通信を受信して楽しむ

信号でも再生がかかりやすく、短波帯ラジオに最適な方式なのです（**図4－29**）。

本機と4－6で製作する真空管式FMラジオは、電源回路を別に製作して、共通化しました。電源部については、4－7を参考にいっしょに製作してください。

製作ガイド

サンハヤト製ICB－93W基板に組み上げてあります。電源部からの入力端子を設けます（**図4－30**）。

図4－31に製作図を示します。30 mmのスペーサー4本を使って、底板（ICB－93W）を固定します。コイルは、35 mmのフィルム空ケースに直径0.4 mmのエナメル線かホルマル線を間隔をあけずに12回巻いて、さらに5回巻いて作ります。合計17回巻きになります。つなぎ目をタップにします。

フィルムケースを立てたとき、上端部がアース（グランド）、中段がタップ、下端部が真空管のグリッド回路側になります。フィルムケースがない場合は、写真ショップで入手できます。廃棄品が減って喜ばれるかもしれません。

真空管、バリコン、コイルは、同じ基板上に並べてみました。配線は許容電流1Aのビニール電線を使います。

コイル近くにバリコンのつまみがあるので、つまみを回して手を離すとせっかくの同調周波数がズレてしまいますので、その現象をなくすために、コイルとつまみとの間にシールド板を立ててあります。

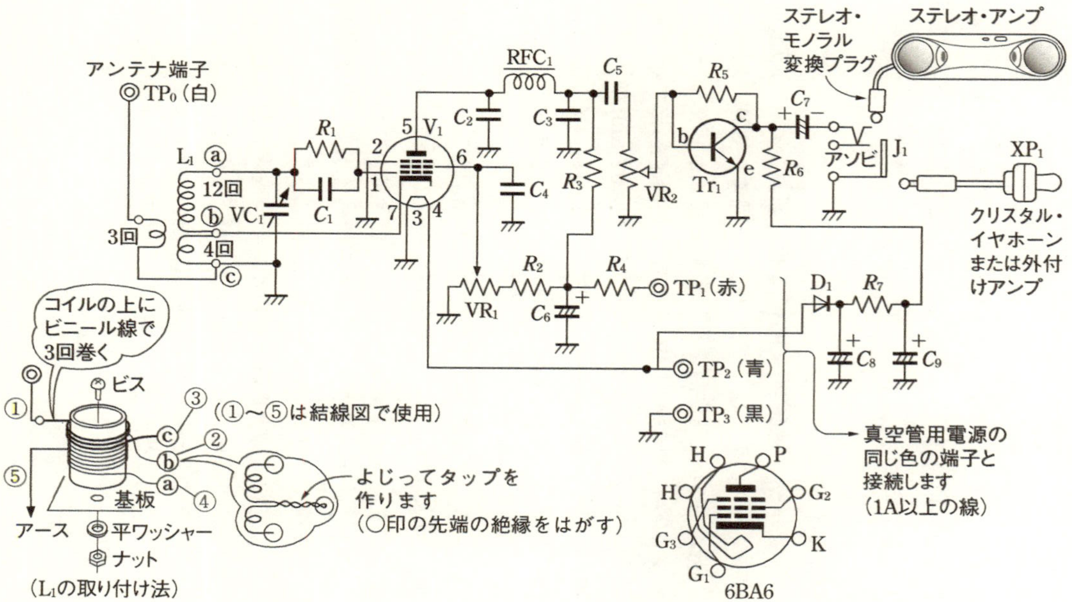
アンテナ端子
TP0（白）
L1
a
12回
b
VC1
4回
c
3回
R1
C1
2
1
7
3
4
5
V1
6
C2
RFC1
C3
C4
C5
R2
R3
R4
VR1
VR2
C6
TP1（赤）
R5
b
c
e
Tr1
C7
R6
アソビ
J1
ステレオ・モノラル変換プラグ
ステレオ・アンプ
XP1
クリスタル・イヤホーンまたは外付けアンプ
D1
R7
C8
C9
TP2（青）
TP3（黒）
真空管用電源の同じ色の端子と接続します（1A以上の線）
H
P
G2
K
G3
G1
6BA6
コイルの上にビニール線で3回巻く
ビス
①
②
③
④
⑤
（①〜⑤は結線図で使用）
よじってタップを作ります（○印の先端の絶縁をはがす）
基板
アース
平ワッシャー
ナット
（L1の取り付け法）

第4章 手作りラジオで放送や通信を受信して楽しむ

L_1：35mmフィルムケースコイル
VC_1：ポリバリコン（AM用）
V_1：6BA6
Tr_1：2SC1815Y
D_1：1S1588
R_1：2MΩ（¼W）
R_2：51kΩ（1W）
R_3：240kΩ（½W）
R_4：51kΩ（½W）
R_5：1MΩ（¼W）
R_6：4.7kΩ（¼W）
R_7：200Ω（¼W）
C_1：100pF（セラミック）
C_2, C_3：100pF（400V）（マイカ）
C_4：0.1μF（400V）（マイラー）
C_5：0.01μF（セラミック）
C_6：3.3μF（350WV）
C_7：1μF（16WV）
C_8, C_9：220μF（16WV）
XP_1：クリスタル・イヤホーン
VR_1：100kΩ（B）
VR_2：500kΩ（A）または（B）
RFC_1：1mH
J_1：イヤホーン・ジャック
$TP_{0~3}$：カラー端子（白）、（赤）、（青）、（黒）
7ピンMTソケット
ICB-93W〔2〕
4P平ラグ板
2P立ラグ板〔3〕玉子ラグ（M3用）
5P立ラグ板〔2〕
スペーサー（30mm）〔6〕
ビス（M3×10mm）
平ワッシャー、ナット5組
ボリューム用ツマミ（小）〔2〕
ダイアル用目盛り盤

図4－28　1球短波ラジオの回路図

　　　　　　　　　　カソードタップ

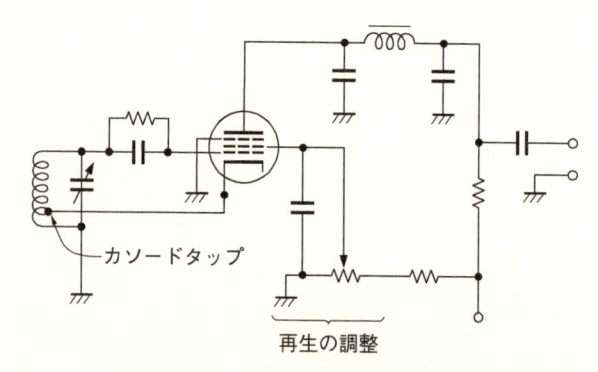

　　　　　　　　　　　　　　再生の調整

図4－29　本機の短波用再生回路

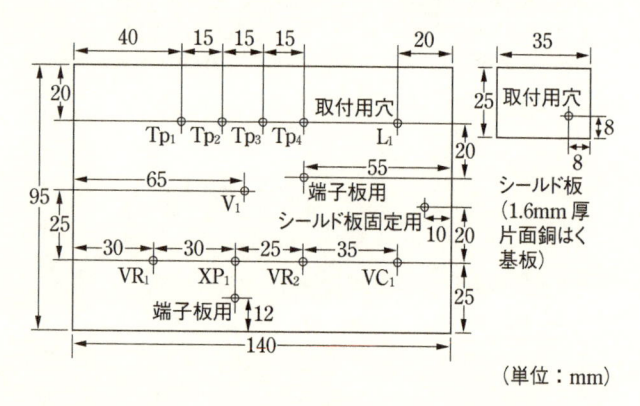

図4－30　サンハヤト製ICB－93W基板加工図

（単位：mm）

使い方

　完成しましたら、電源部を接続します（4－7参照）。ヒーター（青色端子）、グランド（黒色端子）、＋B2（赤色端子）と電源部の端子間を1A以上のビニール電線（各

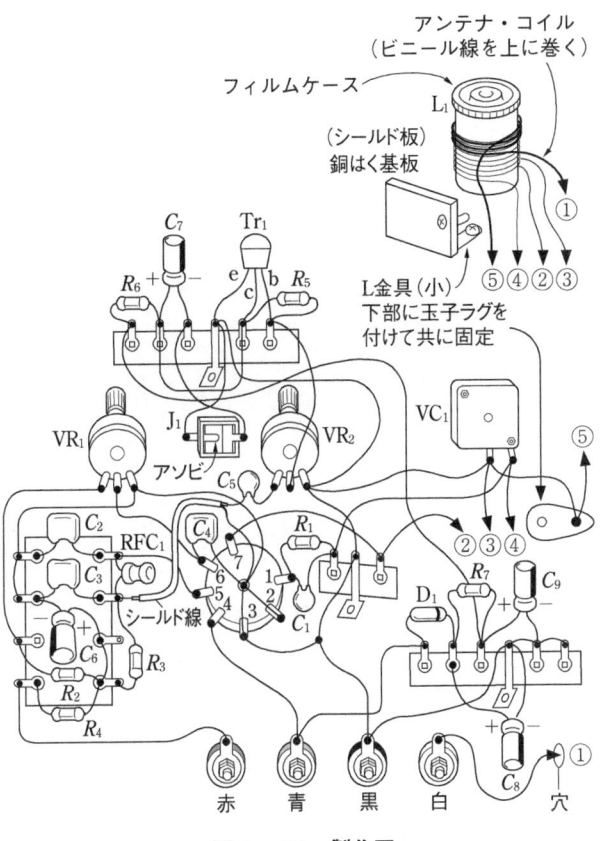

第4章 手作りラジオで放送や通信を受信して楽しむ

図4－31 製作図

15 cm 程度)で接続します。真空管のヒーターは2本ありますが、片側1本をグランドに接続してあるので、接続は青色端子間1本になります。このラジオでは、黄色端子間の接続はありません。

接続ミスを防ぐために、各端子と接続するビニール電線の色を揃えます。**図4－43上**に接続法を示します。
　電源部のスイッチを入れたら、同調バリコンをゆっくり回し、何か放送が入るところで止め、再生用ボリュームをゆっくり回します。きれいに放送が入る所で再生用ボリュームの回転を停止します。

図4－32　外付けアンプの接続例（上）と各部のクローズアップ（次ページ）

第 4 章　手作りラジオで放送や通信を受信して楽しむ

4-6 75MHz～TV・1CH（音声）のFM放送が聴ける2球超再生式ラジオ

その昔、超短波帯の受信によく使われていた超再生式ラジオです。

回路構成

再生式で行っていた選局ごとの再生調整を回路で自動的に行わせ、受信の不安定要素を改善しています。FM放送を聴くラジオの製作です。この受信機はAM用ですから、スロープ検波方式で、FM放送電波を復調して聴くことになります。

回路図

図4－33に2球超再生式ラジオの回路図を示します。超再生検波は955と呼ばれるエイコーン（どんぐり）管で、人工衛星のようなとてもおもしろい形状をしています（図4－34）。

955という真空管は歴史が古く、RCA製が1934年に発売されています。当時レーダー用に超短波領域での使用を

目的に開発された真空管です。戦時中のこと、敵の探査に活用されたにちがいありません。

現在では、この年代ものが、東京・秋葉原の真空管ショップに行けば1600円程度で購入できます。

購入した真空管のパッケージを見ると、1943年1月26日がアメリカ海軍への納品契約日になっていました。真珠湾奇襲作戦（トラ・トラ・トラ）で名高い連合艦隊司令長官山本五十六大将が、ソロモン諸島バラレ島に向かう途中、アメリカ空軍の戦闘機の襲撃をうけ、森林に墜落して戦死したのは、1943（昭和18）年4月18日。このパッケージの日付のおよそ2ヵ月半後のことになります。もしかして……。

ところで、955で検波された信号は、6BM8（3極管部と5極管部が入っている複合管）と呼ばれる2段の低周波増幅球で増幅し、スピーカを鳴らすようにしました。受信周波数は、70 M〜100 MHz程度になっています。

使用バリコンの容量を小さくしたり、コイルの巻き数を少なくすることにより、受信周波数は高まります。いろいろ試されるとよいでしょう。

製作ガイド

サンハヤト製 ICB − 504 のプリント基板を前面パネル、シャーシ、裏板用に3枚使用します（**図4 − 35**）。電源部は4 − 7のものを使います。

図4 − 36 に製作図を、**図4 − 37** に完成品のクローズアップを示します。コイルは、直径1 mmのスズメッキ線を単3乾電池に6回巻きつけて作ります。コイルとバリコ

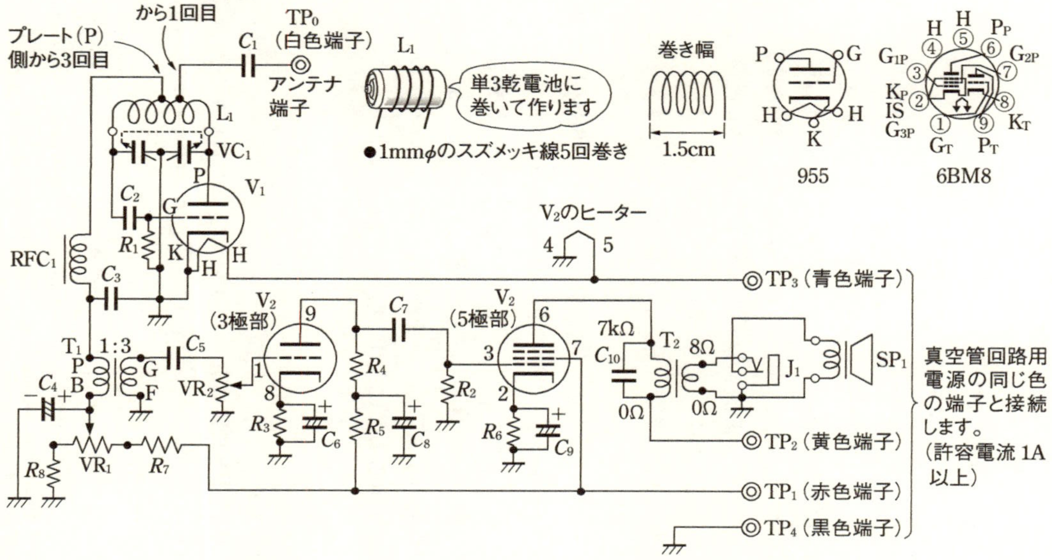
プレート(P)側
から1回目
プレート(P)
側から3回目
C_1
TP_0
(白色端子)
アンテナ
端子
L_1
単3乾電池に
巻いて作ります
●1mmφのスズメッキ線5回巻き
巻き幅
1.5cm
955
6BM8
VC_1
V_1
C_2
R_1
RFC_1
C_3
T_1
1:3
C_4
VR_1
R_7
R_8
C_5
VR_2
V_2
(3極部)
R_3
C_6
R_4
R_5
C_7
C_8
R_2
V_2
(5極部)
R_6
C_9
7kΩ
C_{10}
T_2
8Ω
0Ω
J_1
SP_1
V_2のヒーター
TP_3(青色端子)
TP_2(黄色端子)
TP_1(赤色端子)
TP_4(黒色端子)
真空管回路用
電源の同じ色
の端子と接続
します。
(許容電流1A
以上)

- L_1：35mmフィルムケースコイル
- C_1：100pF(セラミック)
- C_2：30pF(セラミック)
- C_3：0.1μF(400WV)(マイカ)
- C_4：4.7μF(350WV)
- C_5：0.01μF(セラミック)
- C_6：10μF(50WV)
- C_7：0.01μF(セラミック)
- C_8：4.7μF(350WV)
- C_9：25μF(50WV)
- C_{10}：0.0047μF(セラミック)
- R_1：1MΩ(¼W)
- R_2：500kΩ(¼W)
- R_3：3kΩ(½W)
- R_4：100kΩ(2W)
- R_5：20kΩ(2W)
- R_6：420Ω(2W)
- R_7：30kΩ(1W)
- R_8：10kΩ(½W)
- VR_1：10kΩ(B)
- VR_2：500kΩ(A)または(B)
- VC_1：FM用2連ポリバリコン
- RFC_1：70μH(トランジスタ用で可)
- T_1：1:3トランス
- T_2：アウトプットトランス(1.5W)
- V_1：955
- V_2：6BM8
- SP_1：0.3W小型スピーカ
- J_1：ミニ・ジャック
- $TP_{0〜4}$：カラー端子
- 9ピンMTソケット
- 1mmφスズメッキ線
- ICB-504基板〔3〕
- スペーサー(30mm)〔6〕
- L金具(大)〔2〕
- 1P立ラグ板〔2〕
- 5P立ラグ板
- 3P平ラグ板
- ビス(M3×10mm)
- ナット、平ワッシャー8組
- ボリューム用ツマミ(小)〔2〕
- ダイアル用目盛り盤

図4－33　2球超再生式ラジオの回路図

図4－34　955真空管と RCA パッケージ

第4章 手作りラジオで放送や通信を受信して楽しむ

スピーカに合わせて穴をあけます（本書では18個）

アンテナ端子
ラグ板用
V_1　VC_1
VR_2　VR_1
L金具取付用
L金具取付用

[ICB－504基板]
（単位：mm）

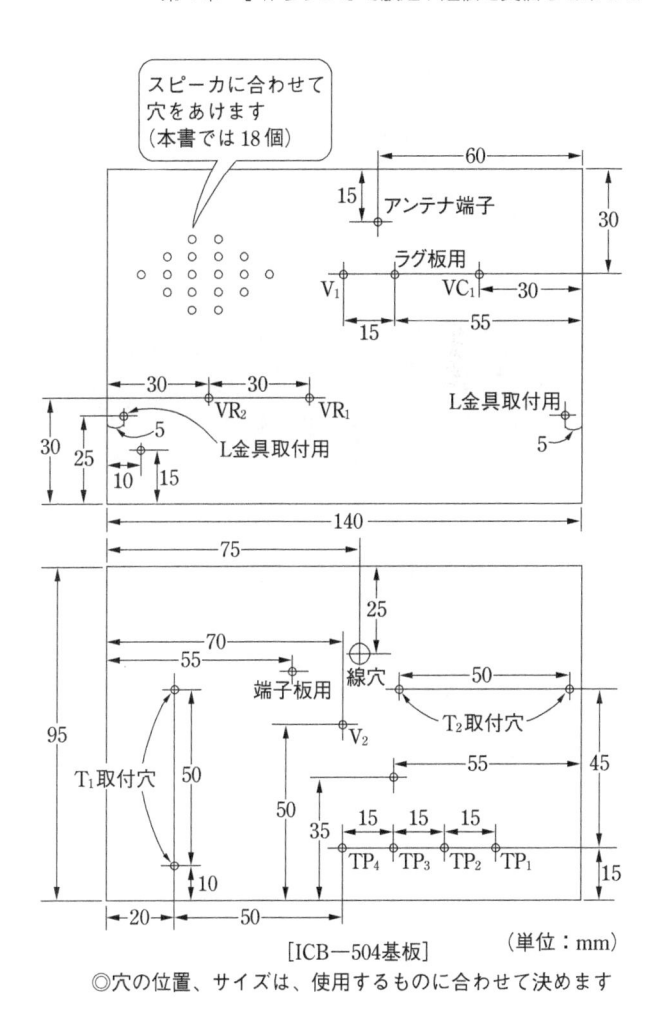

端子板用
線穴
V_2
T_1取付穴
T_2取付穴
TP_4　TP_3　TP_2　TP_1

◎穴の位置、サイズは、使用するものに合わせて決めます

図4－35　サンハヤト製 ICB－504 のプリント基板　前面パネル、シャーシ、裏板用に3枚使用

図 4 — 36 製作図

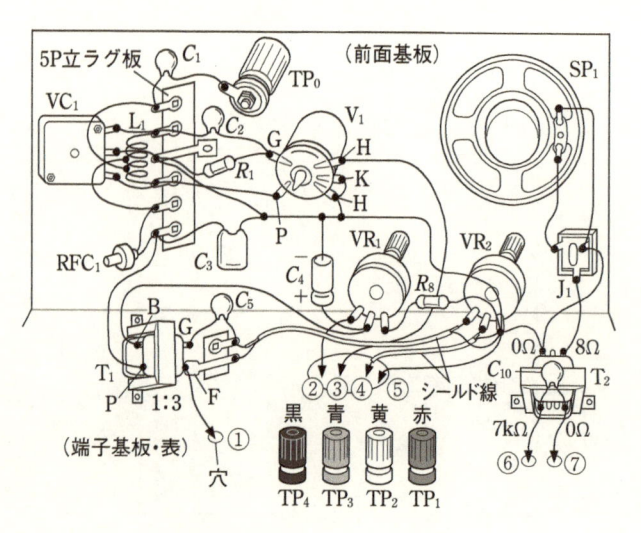

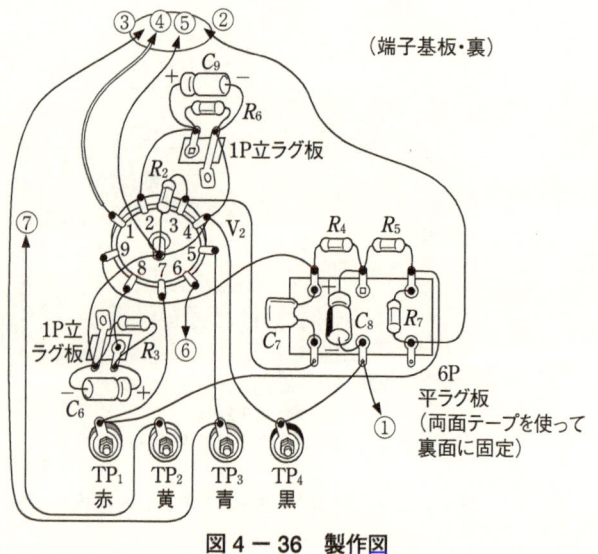

第 4 章　手作りラジオで放送や通信を受信して楽しむ

図 4 − 37　各部のクローズアップ

ン部には立ラグ板、真空管6BM8周辺の部品をまとめるのに、立ラグ板と平ラグ板を使用します。

バリコンは、FM用（20pF・2連）を直列に使います。内蔵されているトリーマー・コンデンサの可動羽根はいっぱいに出しておきます。あとで微調整用に使います。

動作チェック

組みあがりましたら、4－7の電源と接続します。ヒーター（青色端子）、グランド（黒色端子）、＋B1（黄色端子）、＋B2（赤色端子）と電源部の同じ端子間を1A以上のビニール電線（各15cm程度）の計4本で接続します。

真空管のヒーターは2本ありますが、片側1本をグランドに接続してあるので、接続は青色端子間1本になります。接続ミスを防ぐために、各端子と接続するビニール電線の色を揃えましょう（図4－43下参照）。

使い方

アンテナ端子には、直径1mmのスズメッキ線を30cmで切り、アンテナ端子に接続します。

電源を入れ、超再生ボリュームを回して、サーと音が入るところにセットしてから、バリコンを回すとFM放送が入ります。入った所で回転を止め、良く聴こえるところを探します。

ダイアルのはじからはじまで、FM放送やTV－1CHの音声が入るよう、バリコン裏の2個のトリーマー・コンデンサを交互に回転して合わせます（図4－12参照）。

第4章 手作りラジオで放送や通信を受信して楽しむ

4-7 真空管用電源

　真空管回路には、いくつかの電源を供給しなくてはなりません。本書で扱っている真空管のヒーター電圧は、6.3Vです。プレート電圧は高く直流300V程度です。電圧が高いですから、感電には十分に注意しましょう。

　4－6で製作している真空管ラジオに使用できる共通電源を作ることにします。内容は4－4の電源部を取り出したものと同じです。電源部を一つ作っておき、いろいろなセットに利用して実験すれば、電源部を作る手間は省けます。

回路図

　真空管用電源回路の基本回路を**図4－38**①に示します。一般的には2極管を用いた整流回路を使いますが、整流管も手に入りにくくなりましたので、本書では、安価な半導体（シリコーン・ダイオード）を使用して直流化しています（**図4－38**②）。

　半導体化した回路では、安価な電圧1000V・1A、電

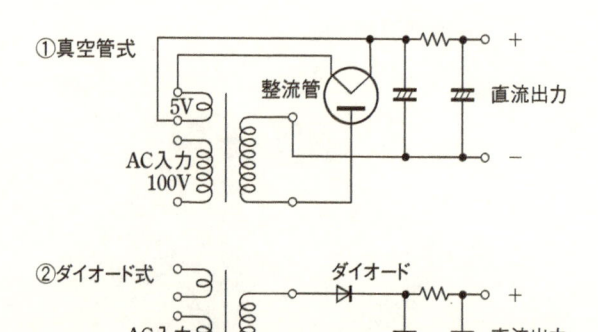

①真空管式　整流管　直流出力
AC入力 100V　5V

②ダイオード式　ダイオード　直流出力
AC入力 100V

図 4 − 38　一般的な 2 極管を使用した整流回路と整流回路を半導体化した回路

流 1 A 程度のダイオード（S5277N など）を流用します。整流管用の 5 V ヒーター電源は不要となります。

本書の真空管セットに使用する電源の製作

真空管式短波ラジオと FM ラジオの電源に使用する電源を製作します。回路は、**図 4 − 39** の通りです。

電源トランスは東栄製の伏せ形のトランスを L 金具（大）を 2 個使用して立てて取り付けます。使用する基板は、サンハヤト製 ICB − 93W です（**図 4 − 40**）。整流回路用部品は、平ラグ板に組み上げます。

出力は、相手の真空管ラジオに合わせて、4 色の端子を用います。詳細な製作図を**図 4 − 41** に、結線のクローズアップを**図 4 − 42** に示します。

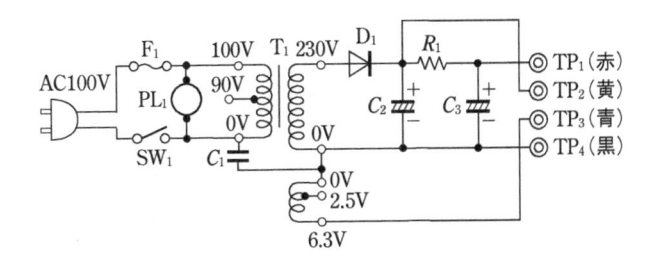

第4章 手作りラジオで放送や通信を受信して楽しむ

PL$_1$：抵抗入りネオンランプ（100V用）
F$_1$：ヒューズホルダ（小）1Aヒューズ
T$_1$：トランス：東栄（P-35）
D$_1$：S5277N
R$_1$：2kΩ（5W）（セメント）
C$_1$：0.1μF（400V）（マイラー）
C$_2$, C$_3$：100μF（350WV）

SW$_1$：小型トグル・スイッチ
TP$_{1～4}$：カラー端子
ICB-93W（2枚）
スペーサー（30mm）6本
ACコード（プラグ付）
5P平ラグ板

図4－39　電源の回路図

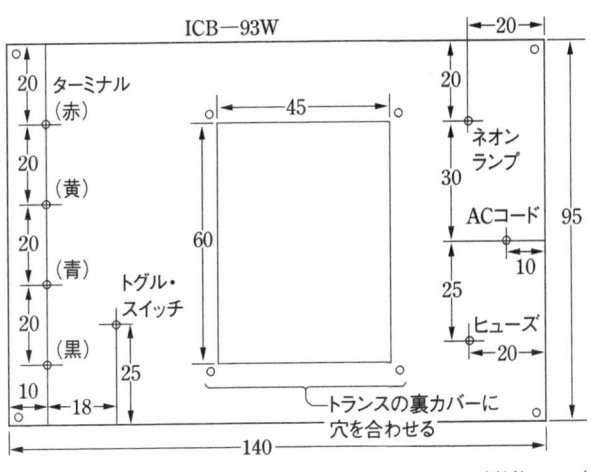

図4－40　穴加工図

（単位：mm）

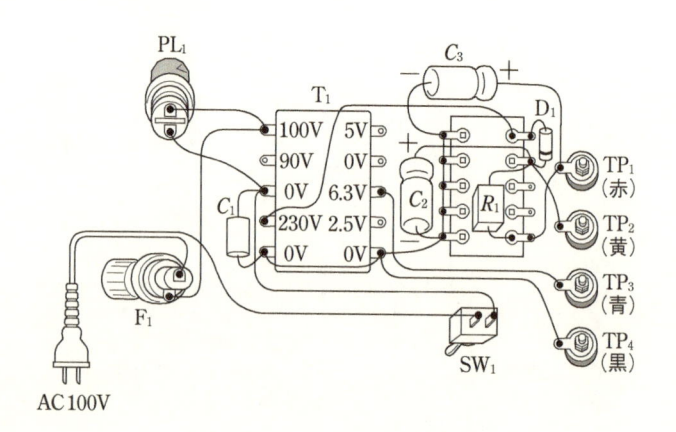

図4－41　製作図

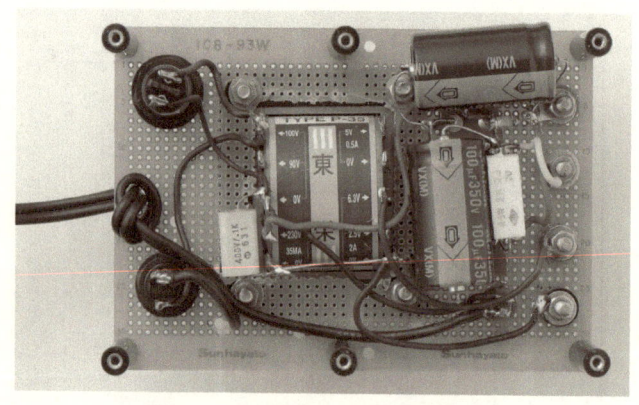

図4－42　結線のクローズアップ

使い方

　簡単な回路ですので、間違いなく動作します。アース側

第4章　手作りラジオで放送や通信を受信して楽しむ

の黒端子にテスターの黒リード線を接続して、ヒーター電圧（青色端子：交流6.3 V）、＋B：2種類（黄色端子および赤色端子）は、他の回路に接続しない場合、ともに直流電圧で290 Vから300 V程度が出力されていれば完成です。

青色端子のヒーター電圧は交流です。黄色端子と赤色端子の＋B電圧は、直流です。テスターで測定するときは、設定を間違わないようにします。

電源の端子と真空管ラジオの同じ色の端子同士を、ビニール線（1 A以上の線で15 cm程度の長さ）で接続します（**図4－43**）。

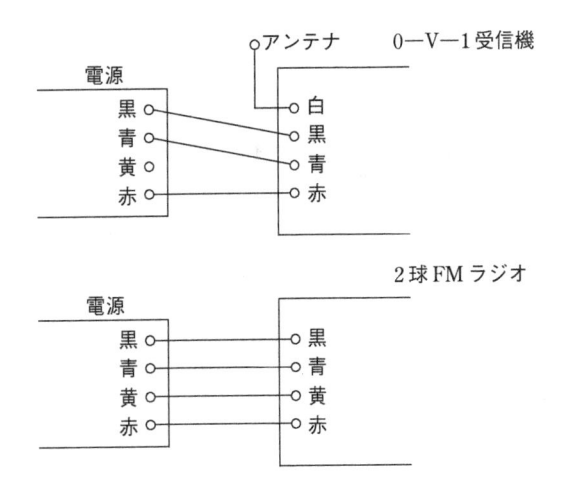

図4－43　真空管電源との接続法

第5章
放送受信の楽しみ

　放送を聴いて、その受信報告書を放送局に送ると、受信したことを証明するカード（ベリフィケーション・カード：略してベリカード）が送られて来ます。記念になるので、このカードを集めるマニアが沢山います。国内外の電波を聴いてレポートされるとよいでしょう。記憶に残る私のコレクションの一部を紹介します。

　残念ながら NHK 中波、FM、TV 放送については、基本的にベリカードを発行していません。

1959 年、中国北京放送を自作 3 球ラジオで受信

　当時中国では、毛沢東主席の時代でした。日本では大変な切手ブームで、中学校へ登校するにも切手帳をカバンに入れていった記憶があります。

　私の受信報告書のコメント欄に、「切手を集めています」と書きましたら、日本語担当スタッフの皆さんが、中国切手を沢山集めてくれて、このベリカードと一緒に送ってくれたのです。ビックリすると同時に、涙が出てきました。

第5章 放送受信の楽しみ

　もちろん、ベリカードと切手を学校で披露しました。これが、私の海外放送受信の第一号です（**図5－1**）。

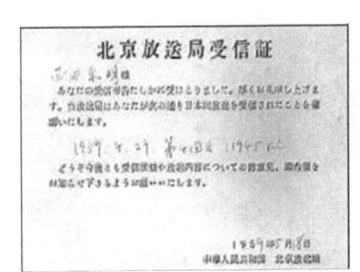

図5－1　海外放送受信第一号の北京放送局のベリカード表・裏とプレゼント切手の一部

FM東京開局時に聴いたベリカードと現在のカード

　1970年4月26日は日曜日で、朝食後くつろぎながら新聞をめくっていると、開局の広告が目に入りました。"FM東京・80MC　今日放送開始"よく見ると、ナント午前7時からスタートしています。あわててFM受信機に向かいます。当時の周波数単位はHz（ヘルツ）ではなくc（サイクル）です。

　すでに開始から3時間ほど経過。10時ちょうどから受信を開始しました。急ぎ受信報告書を書き、すぐに投函しましたが、残念ながらNo.161と100番以内に入ることができませんでした。現在は一体、何番がもらえるのか興味があるところです（**図5－2**）。

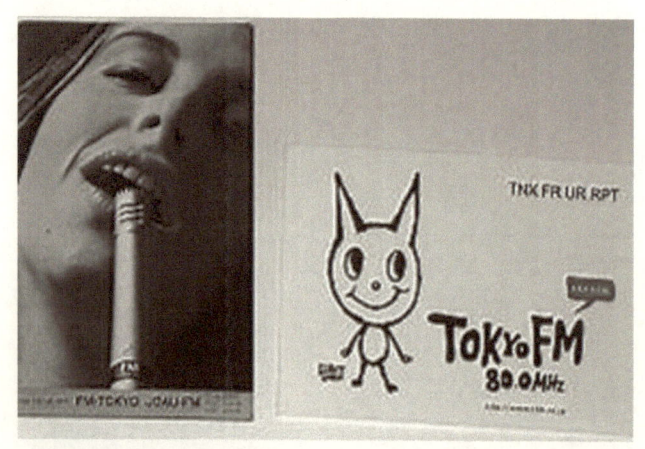

図5－2　No.161のベリカード（左）と現在のベリカード

FMジャパン開局時のベリカード

　24時間ノンストップ・ミュージック・ステーションとしてデビューした、J－WAVE（FMジャパン）が1988（昭和63）年10月1日に西麻布で開局。当時、スタジオを見学させてもらいましたら、スタジオ内部の雰囲気が、まるっきりアメリカ風になっていたことを強く覚えています。

《J－WAVE　開局の第一声》

　81.3 MHzにFMラジオのダイアルを合わせ、息を凝らして聴いていると、午前5時丁度に、放送が流れ始めました。

第 5 章　放送受信の楽しみ

JOAV－FM　JOAV－FM
こちらは　FM ジャパン　です。
周波数 81.3 MHz
出力 10 kW でお送りいたします。
JOAV－FM　JOAV－FM
This is FM JAPAN.
昭和 63 年 10 月 1 日午前 5 時
ただ今より FM ジャパンは、
本放送を開始いたします。
J－WAVE の開局です。

　第一声を聴くのは、とても新鮮で気持ちがいいものです。

　電波は昔も今も東京タワーから、周波数 81.3 MHz、出力 10 kW で出されています。なお、現在の FM ジャパン（J－WAVE）スタジオは、六本木ヒルズ森タワー内にあります（**図 5 − 3**）。

ドイチェ・ベレを自作 2 石再生式ラジオで受信
　トランジスタ 2 個で製作した再生式ラジオで受信したドイツの日本語放送です。アジアからの放送で、ガンガンと入感していた局です。
　昔なつかしい小さな自作ラジオでの受信レポートが日本から送られたことで、スタッフの間で評判になったと、わざわざローマ字で私のところに、e-mail が届きました。
　ベリカードを**図 5 − 4** に示します。

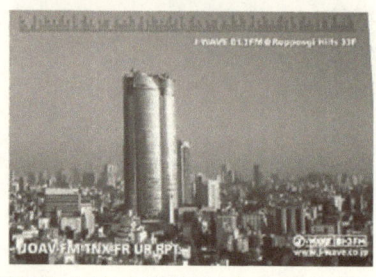

図5-3　開局時(上)と現在(下)のFMジャパン(六本木ヒルズ)のベリカード

　ベリカードと一緒に"DW日本語放送をご支援くださる皆様へ"というレターが同封されていました。内容は、多くのリスナーの希望が伝わり、"DW日本語放送が存続することになりました"というもので、スタッフ全員のサインが付けられていました。1997年9月のことです。

　ところがです。2年後のある日、たまたま帰宅途中で聴いていたNHK第1放送で、DWのスタッフとのインタビューが入ってきました。なんと、DWの日本語放送が廃止となる内容です。

第5章 放送受信の楽しみ

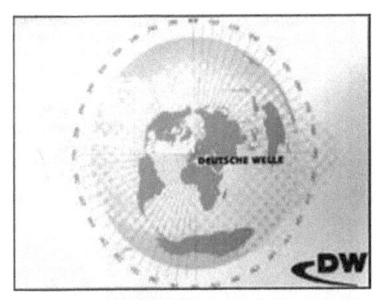

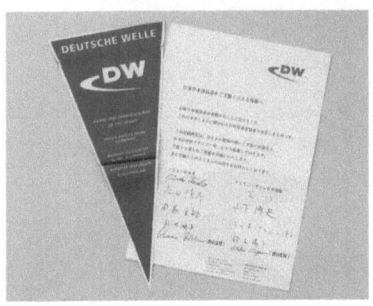

図5-4 ドイチェ・ベレ(DW)のベリカードと同封されていた記念ペナント

　理由は、厳しい予算のやりくりで、"発展途上国向けの放送に絞られた"ということでした。世界的な厳しい不況の中、DWも予算削減が行われたのです。不景気は、いろんな所に影響を与えていたのです。

　1999年12月31日の放送を最後にDWの日本語番組は消えてしまいました。

　DWのホームページに掲載された、日本語課スタッフのメッセージ

145

> みなさま、こんにちは！　こちらはドイチェ・ベレ日本語放送です。
>
> 1969年5月15日に始まったドイチェ・ベレ日本語放送は、1999年12月31日の放送を最後に廃止されました。
>
> この日本語アナウンスも2000年1月1日から聞こえなくなりました。ドイツ政府の支出削減を受け、ドイチェ・ベレは1999年12月31日をもって日本語放送廃止を余儀なくされました。
>
> 皆様から頂いた30年半以上に及ぶご支援には、日本語放送にたずさわったスタッフ一同、心から感謝しています。
>
> また21世紀には、新たなメディアを使ってドイツから情報がお送りできるかもしれないと、私たちも期待しています。
>
> 日本語課スタッフ一同

短波帯最後のJJYを受信

　もう一つ、さびしいお話です。短波帯の標準電波（5 MHz、8 MHz、10 MHzのJJY）が2001年3月31日をもって、廃止になりました。電波時計の基準信号にもなっ

第5章　放送受信の楽しみ

ている長波帯の標準電波に移行したのです。

1999年6月10日より長波帯標準電波施設（福島局、周波数：40 kHz）が運用開始して、従来の実験局（JG2AS）から正式な標準周波数局（JJY）として運用されています。

さらに2001年10月1日より2局目となる、長波帯標準電波施設（九州局、周波数：60 kHz）が運用を開始しました。

私は短波帯5 MHzのJJYを受信して、写真のような記念のベリカードを得ました。

受信機のダイヤル調整や時報確認などに役立っていた、短波帯標準電波（JJY）が61年の歴史をもって、幕を閉じたのです（**図5－5**）。

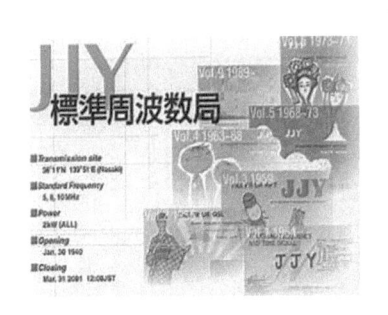

図5－5　短波帯局閉局のJJY記念カード

最後に出された信号は次のようになっていました。多くのリスナーは、録音しながら別れを惜しんだのです。モールス・コードは、電信符号送信の意味です。
　JJYをモールス符号で示すと、トツーツーツー　トツーツーツー　ツートツーツーとなり、この信号をたよりに受信機の調整をしていた記憶があります。

モールス・コード（JJY　JJY　1200）
女性音声（JJY　JJY　12時0分　JST）
モールス・コード（NNNNN）：電波の伝搬状態が安定しているという意味を5回
予告信号（600 Hz）
正時信号（1600 Hz）
変調信号（1000 Hz）の途中で信号が途絶。
ザーと雑音が聞こえ始めます。

　これからは、中国、オーストラリア、アメリカなどの海外の標準電波を利用することになります。

ラジオ・ジャパン（ラジオ日本）放送は海外向け
　日本が誇る国際放送は、NHKが運用しているラジオ・ジャパンです。この電波は短波帯で、日本国内でも十分に聴取できます。でも、国内で聴いて受信報告書を出してもベリカードはもらえません。
　もらうには、海外で受信しなくてはなりません。海外旅行の際に、ぜひ受信して、受信報告書を出してください。もちろん、日本語放送もあります。

第5章　放送受信の楽しみ

参考までに旧版ですが、国内では発行してもらえないラジオ・ジャパンのベリカードを紹介します（**図5-6**）。

図5-6　ラジオ・ジャパンのベリカード

ラジオ NIKKEI は日本唯一の短波専門放送局

　日本の短波放送専門局と言えば、日本短波放送（NSB）が有名ですが、2003年10月に日経ラジオ社に社名を変更して、2004年4月1日付けで局名が『ラジオ NIKKEI』となりました。この日は、開局50周年を迎える記念日でした（**図5-7**）。

図5-7　NSB 最後のベリカード

昔も今も同局のリスナーは数多くいます。経済関連情報や、医療関連情報、スポーツ実況など盛りだくさんのソースでいっぱいです。

　短波受信機を作って、まず始めに聴こえてくるのが、『ラジオ NIKKEI』の番組です。同局は、内容が異なるソースを第1と第2に分けて放送しています。

第1放送：3.925 MHz、6.055 MHz、9.595 MHz
第2放送：3.945 MHz、6.115 MHz、9.760 MHz

　第1、第2とも 3.9 MHz 帯内、6 MHz 帯内、9 MHz 帯内で隣同士になっています。ですから、受信機を作って、ダイアルの調整をするとき、パイロットとしてこの放送が利用できるのです。

　本書の第4章で製作する 0－v－1 短波ラジオは、3 M～11 MHz を受信できるものですが、ラジオ NIKKEI の各バンド（周波数帯）の放送を聴いて、ダイアル目盛り盤に印を付ければ、選局が楽になります。

　このラジオでラジオ NIKKEI を受信して、ベリカードを入手しました（**図5－8**）。

　本書のために、快くラジオ NIKKEI 殿のスタジオを見学し、撮影させて頂きました（**図5－9**）。場所は東京・赤坂のアメリカ大使館前にあって、とても見晴らしの良い所にあります。窓から東京タワーがハッキリ望めました。

第5章 放送受信の楽しみ

図5-8 0-V-1ラジオで2005年6月に3.925 MHzのラジオNIKKEIを受信して得たベリカード

図5-9 ラジオNIKKEIスタジオの一部

ベリ（verification）カードのもらい方

放送受信を楽しみましたら、放送局へ受信報告書を出して、受信証明証となる綺麗なベリカードを手に入れましょう。

放送局の住所は、放送局に電話して問い合わせるのがいちばんです。

海外局の場合には、ソニーが周波数、番組を含めてFAX情報サービスをおこなっているので、利用されるとよいでしょう。

● ソニー FAX 情報サービス

FAX 番号：03-5714-5435

電話がつながったあと、ガイダンスの案内指示に従って情報番号を選択して、希望の情報を得ます。一例を示します（**図5－10**）。

(情報番号)　　　(内　容)
13　海外でラジオを聴く方にラジオジャパンと現地日本語放送の情報
14　日本国内で聴ける短波放送の周波数
15　短波の上手な聴き方と、情報の入手方法のご案内

インターネット接続が出来る方は、(株)エフ・コーポレーションのホームページを利用されるとよいでしょう。短波の最新情報が入手できます。海外放送局の住所も出ています。

Short Wave Stations of the World

第5章　放送受信の楽しみ

図5-10　サービスをFAX受信した例

http://www.wavehandbook.com/jp/index-j.html

　また、海外放送局の周波数・タイムテーブルをまとめた"ウェーブハンドブック"も発行しています。
　問い合わせ先は下記の通りです。

(株) エフ・コーポレーション
FAX　03-5714-5451

●受信報告書の書き方
　放送局ごとの素敵なベリカードを得るには、受信した放送局へ受信報告書を送付しなければなりません。
　決まったフォーマットはありませんが、必ず記載しなくてはならない項目があります。見本を図に示しますので、参考になさって下さい（**図5-11**）。

受信報告書

2008 年 12 月 25 日

ラジオ BB 株式会社
受信証発行ご担当者様

（報告者）
氏名　羅路尾　聴子
住所　〒187-0000　東京都小平市駅前学園 1-1-1
年齢　23 歳
学校名又は職業　会社員

貴局の放送を受信いたしましたので下記のとおりご報告いたします。
この報告書が貴局の番組受信であると確認されましたら、恐れ入りますが受信証の発行を宜しくお願い致します。

局名：　　　ラジオ BB
呼出符号：　JOZZZ
周波数：　　1330 kHz
受信日：　　2008 年 12 月 24 日
受信時間：　17：00　～　17：30　JST
受信場所：　自宅 2 階・木造（東京都小平市）

番組内容：
17：00　「クリスマスイブ　イブニングコンサート」（男性アナウンサー）
17：01　　曲：ビリーボーン・メドレー
17：15　　CM（○□自動車）
17：17　　曲：マントバーニ・メドレー
17：27　　CM（○□自動車）
17：29　　エンディング　（女性アナウンサー）

受信状態：　　　SINPO 55555
使用受信機：　　自作 2 球再生式ラジオ
使用アンテナ：　室内 2 m 長ワイヤーアンテナ
番組の感想等：終始安定に受信出来ました。クリスマス・イブにピッタリの選曲でありましたので、十分楽しめました。

以上

図 5 － 11　受信報告書の記載例

第5章　放送受信の楽しみ

　受信局名、受信周波数、受信日、受信時間（少なくとも30分間程度聴取・日本標準時のJSTを表記）、受信地、番組名（内容・担当アナの性別）、受信状態 SINPO、電波受信状態へのコメント、使用した受信機、使用したアンテナ、番組感想ほか、氏名、郵便番号、住所、年齢、職業が網羅されていれば完璧です。

　ここで、受信状態を数字で表記する方法を説明します。SINPO（シンポ）と言います。世界共通ですから受信報告書には欠かせません。**図5－12**に示します。覚えておきましょう。

符号	S	I	N	P	O
意味	信号の強さ	混信の激しさ	雑音の激しさ	伝搬障害の激しさ	総合評価
5	ローカル局並みに強い	まったくない	まったくない	まったくない	ローカル局並みによい
4	たいへん強い	大して気にならない	大して気にならない	大して気にならない	たいへん良好
3	十分強い	気になる	気になる	気になる	十分
2	やや弱い	相当激しい	相当激しい	相当激しい	あまりよくない
1	非常に弱い	非常に激しい	非常に激しい	非常に激しい	実用にならない

図5－12　SINPO符号の意味

　これで、ベリカードを得る準備ができました。素敵なベリカードを集めてください。記念になるはずです。返信切手が必要な場合がありますから、良く調べておきましょう。

● AM・FM ラジオ放送番組情報誌

　全国の AM と FM ラジオ番組が読める雑誌が三才ブックスから刊行されています。タイトルは『ラジオ番組表』（季刊）です。書店で購入できます。事前チェックも出来るので、リスナーにとって良い資料です（図 5 − 13）。

図 5 − 13　『ラジオ番組表』と『WAVE HANDBOOK』

第5章　放送受信の楽しみ

●インターネット・ラジオ局

　最近の流行として、国内外でインターネットを使用したラジオ放送を聴くことが出来ます。インターネット接続したパソコンで受信するわけですが、確実な受信が出来るメリットがあります。でも、パソコン・システムが無かったり、いつでもどこでも聴くには携帯パソコンが必要ですし、リアル・タイム的な内容が乏しいことがあるなど、デメリットが考えられます。

　まして、ダイアルを回しながら、電波を探して楽しむ受信マニアにとって、インターネット・ラジオは楽しみが半減してしまうはずです。

　短波帯の国際ラジオ局で、インターネットに移行したにもかかわらず、リスナーからの嘆願で、電波放送に復活した局があります。例としてイラン・イスラム共和国放送（IRIB）の日本語放送を示します（**図5－14**）。

図5－14　IRIBのホームページ内容

付録1　工具と使い方

本書では、ラグ板を使用して部品を組み立てたり、厚紙や穴あきプリント基板を部品の取り付け台にしたりして、工作を容易にしています。

それらの工作にあると便利な工具や、工作上のテクニックを紹介します。

あると便利な工具

・ハンダゴテとハンダ（**図C1－1**）

トランジスタ・ラジオと真空管ラジオの工作には、40Wの電気ハンダゴテが便利です。使用するハンダも40W用と表示されているものを選ぶといいでしょう。安全作業をするために、コテ台も揃えておきましょう。

ハンダ付けの要領を**図C1－2**に示しておきます。

・ニッパー（**図C1－1**）

線材を切ったり、被覆をむくのに使います。小型のものが便利です。

・ラジオペンチ（**図C1－1**）

通称、ラジペンと呼んでいます。配線材を曲げたり、つかんだりするのに使います。刃が付いているものがありますが、細い線材の切断に使えます。

・ドライバー・セット（**図C1－1**）

ネジ回しの組セットです。プラス（＋）とマイナス（－）

付　録

ドライバー・セット

電工ペンチ

ラジペン

ニッパー

ハンダゴテ

ハンダ

木工キリ

リーマー

シャーシパンチ

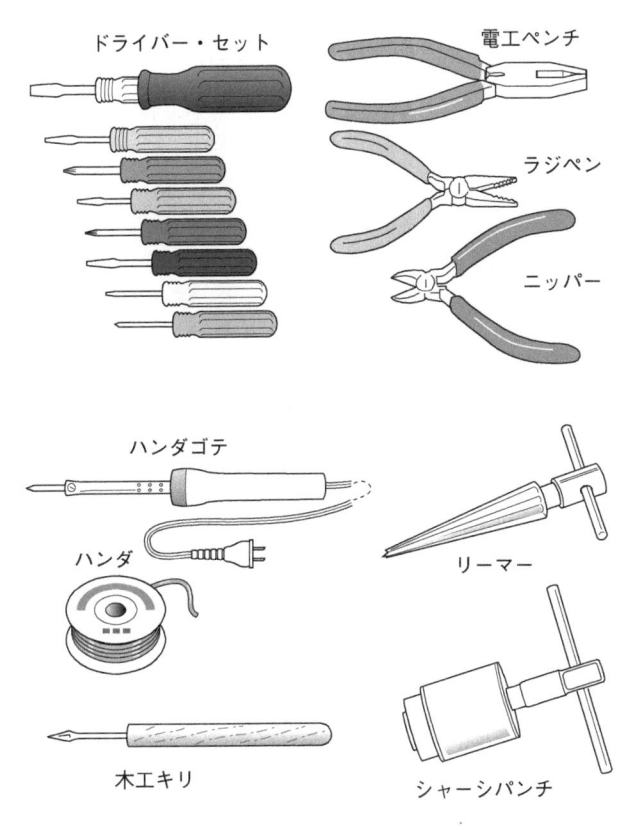

図 C1 − 1　工具のセット

ネジが回せるもので、小型と中型のものを揃えると便利です。小型は精密ドライバーといわれるもので、ツマミの固定ネジなどの小さなネジに使います。

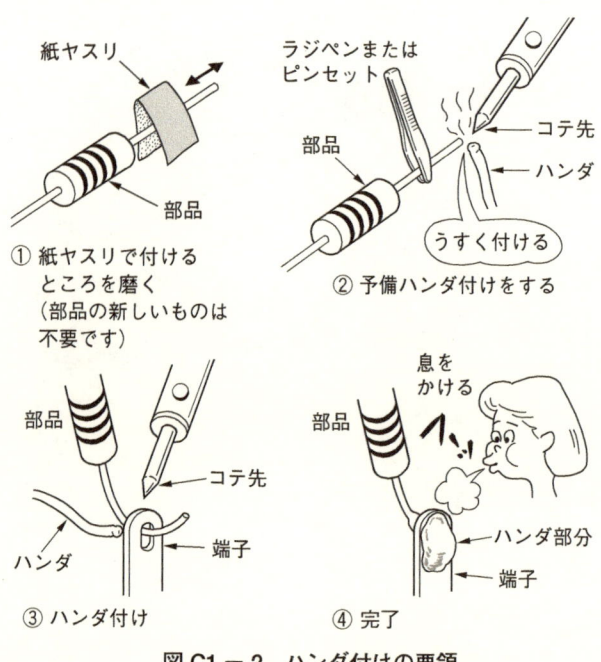

① 紙ヤスリで付けるところを磨く（部品の新しいものは不要です）

② 予備ハンダ付けをする（うすく付ける）

③ ハンダ付け

④ 完了（息をかける）

図C1－2　ハンダ付けの要領

・木工キリ（**図C1－1**）

　ネジ、スイッチ、ボリュームなど、穴をあける場所の下穴用に使用すると便利です。ネジ穴には、手回しキリが便利です。キリは直径3mm～5mmを用意します。木工キリの穴でも代用できます。

・リーマー（**図C1－1**）

　スイッチや、ランプ、ボリュームなどの取り付け穴には、リーマーを使います。あけやすく、きれいな穴があけられ

ます。リーマーの下穴には、木工キリを使います。直径 3.2 mm ほどのキリを付けた、小型の電気ドリルやハンド・ドリルを使って下穴をあけてもかまいません。

・シャーシパンチ（図 C1 − 1）

　真空管ソケット用の穴はかなり大きいので、リーマーでは大変です。シャーシパンチを使うと、パンチのネジを締め付けるだけで簡単に、大きな穴をきれいにあけることができます。各種真空管のソケットサイズに合った刃と押さえがセットになっています（図 C1 − 3）。

　最近、電気街の工具屋さんで、リーマーとシャーシパンチをセットにしたものが出回っていますので、利用されるとよいでしょう。これらの使い方を図 C1 − 4 に示します。

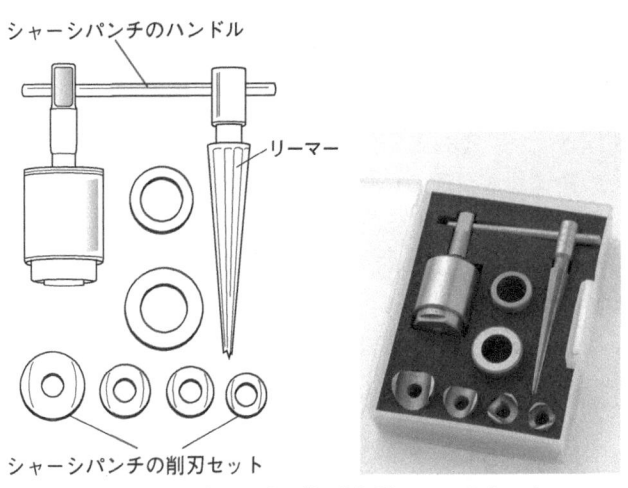

図 C1 − 3　シャーシパンチとリーマーのセット

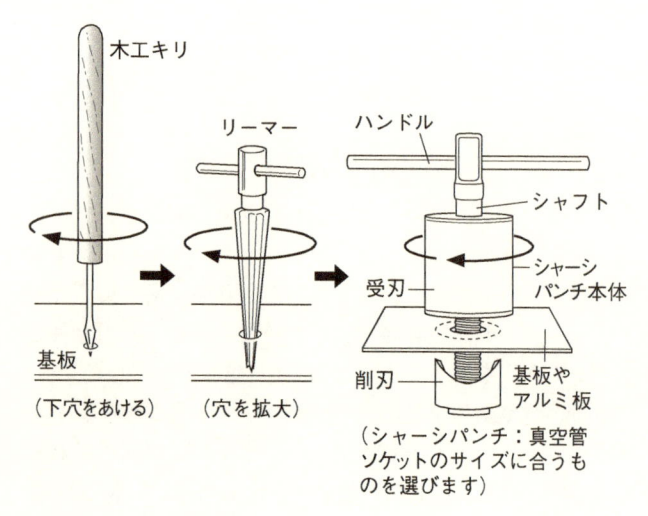

図C1－4　木工キリ、リーマー、シャーシパンチの使い方

工作のポイント

・穴あきプリント基板の利用

　本書では、穴あきプリント基板をシャーシ代わりに使用していますが（**図C1－5**）、アルミ製のシャーシを使用されてもかまいません。容易に手に入るものをお選びください。参考までに、穴あきプリント基板の使い方を**図C1－6**に示しておきます。

・ラグ板に組み上げ

　主な部品をまとめあげるのに、とても便利な部品です。ベーク板に端子が付いたもので、端子数に応じた立ラグ板と平ラグ板があります（**図C1－7**）。

付 録

図 C1 − 5 本書で使用した穴あきプリント基板のいろいろ

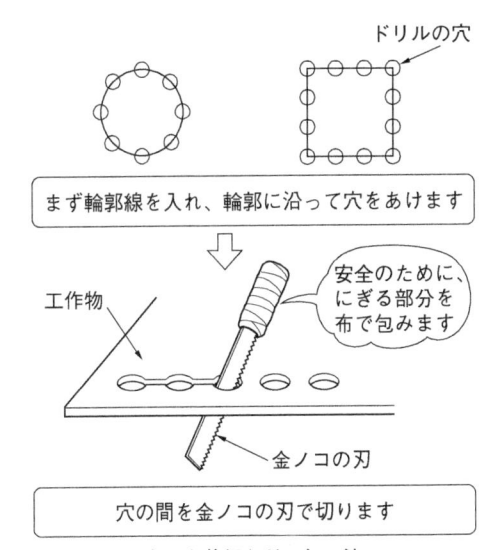

ドリルの穴

まず輪郭線を入れ、輪郭に沿って穴をあけます

工作物

安全のために、にぎる部分を布で包みます

金ノコの刃

穴の間を金ノコの刃で切ります

穴あき基板などの加工法

図 C1 − 6 穴あきプリント基板の使い方

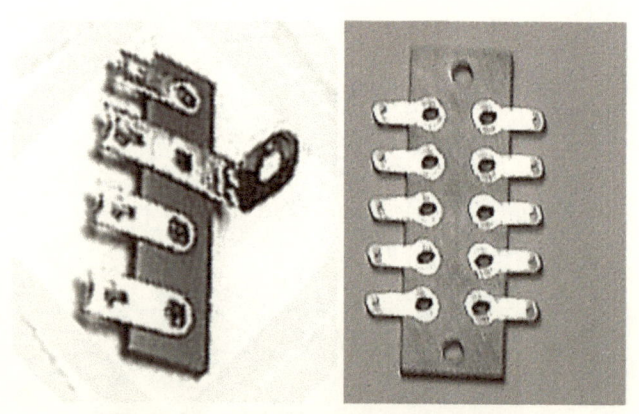

図 C1 － 7　立ラグ板（左）と平ラグ板（右）

　平ラグ板をケースなどに取り付けるには、スポンジ付き両面テープを平ラグ板の裏に貼り付けて相手に貼り付けて固定しています。
　端子数は左を 3P、右を 5P と呼びます。

付　録

付録2　電子部品のミニ知識

　工作で知っておきたいミニ知識を紹介します。

・ビニール電線
　電子部品間を配線するのに、ビニール電線を使用します。トランジスタ・ラジオと真空管ラジオでは、太さの違うものを使っています。

　トランジスタ・ラジオでは回路電流が小さいので、細めのものが使えます。真空管ラジオは少し電流が多めに流れるので、太め（許容電流1A）のものを使います。トランジスタ回路に太めのものを使ってもかまいませんが、線材が硬めとなるために、細かい部分での配線がしにくくなります。

　本書で使用した線材は、ゲルマニュームおよびトランジスタ・ラジオには、0.12 mm ϕ × 10芯ビニール電線。真空管ラジオには、0.18 mm ϕ × 12芯ビニール電線です（ϕ：ファイと読みます。直径という意味です）。

　それぞれ赤、青（または緑）、黄色、黒の4色を揃えて、信号や電源の極性別に使い分けると、配線ミスが減るとともに、チェックするときに便利です。

・AC 電源コード

真空管ラジオの電源に使われる交流電源入力用コードです。先に AC プラグと呼ばれる器具が付いています。家庭内にある交流 100 V のコンセントに接続するためのコードです。

電流容量が 1 A 程度のコードが使えます。もちろん 1 A 以上のものでしたら、問題ありません。

・スズメッキ線

銅線の単線にスズメッキされた線です。本書では 1.0 mm φ のものを、コイルやアースラインに使用しています。太くても加工しやすく、ハンダ付けが容易である特徴があります。

抵抗の見方

抵抗のサイズが大きいものには、表面に直接抵抗値が印字されていますが、小さいものになると印字が難しくなるため、色のシマシマで表現されています。世界共通の約束になっているもので、カラーコードと呼ばれています。

図 C2 − 1 にカラーコード一覧を示します。いっしょに読み方の説明図を示します。

付録

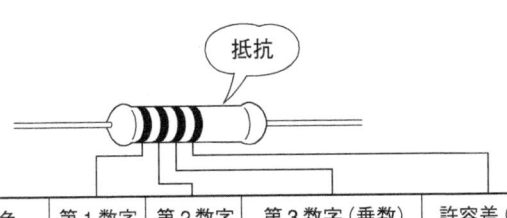

色	第1数字	第2数字	第3数字（乗数）	許容差（％）
黒	0	0	$10^0 = 1$	
茶	1	1	$10^1 = 10$	±1
赤	2	2	$10^2 = 100$	±2
橙	3	3	$10^3 = 1000$	
黄	4	4	$10^4 = 10000$	
緑	5	5	$10^5 = 100000$	
青	6	6	$10^6 = 1000000$	
紫	7	7	$10^7 = 10000000$	
灰	8	8	$10^8 = 100000000$	
白	9	9	$10^9 = 1000000000$	
金	—	—	$10^{-1} = 0.1$	±5
銀	—	—	$10^{-2} = 0.01$	±10
無着色	—	—		±20

番号	色	おぼえ言葉
0	黒	黒い礼[0]服
1	茶	小林一[1]茶
2	赤	赤いに[2]んじん
3	橙	み[3]かんはダイダイ
4	黄	四季[4]の色
5	緑	みどり児[5]（嬰児のこと）
6	青	青いむつ[6]湾
7	紫	紫式[7]部
8	灰	ハイヤ[8]ー
9	白	ホワイト・ク[9]リスマス

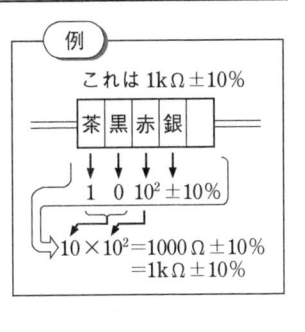

例

これは 1kΩ±10%

| 茶 | 黒 | 赤 | 銀 |

1　0　10^2　±10%

$10 \times 10^2 = 1000\,\Omega \pm 10\%$
$= 1\text{k}\Omega \pm 10\%$

図 C2－1　カラーコード

コンデンサの見方

　小型コンデンサも容量値を明記せずに、数字記号で表示されています。これも国際的に共通です。その表示と読み方を**図 C2 − 2** に示します。

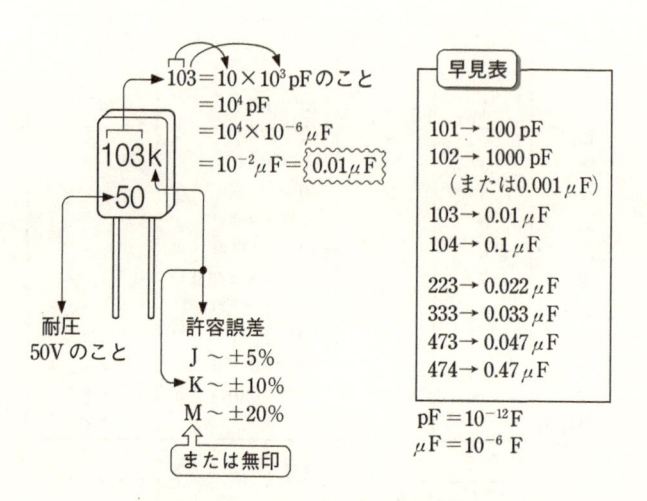

図中表示：

$103 = 10 \times 10^3 \,\text{pF}$ のこと
$= 10^4 \,\text{pF}$
$= 10^4 \times 10^{-6} \,\mu\text{F}$
$= 10^{-2} \,\mu\text{F} = \{0.01 \,\mu\text{F}\}$

103k
50

耐圧
50V のこと

許容誤差
J 〜 ±5%
K 〜 ±10%
M 〜 ±20%
↑
または無印

早見表

101 → 100 pF
102 → 1000 pF
　（または0.001 μF）
103 → 0.01 μF
104 → 0.1 μF

223 → 0.022 μF
333 → 0.033 μF
473 → 0.047 μF
474 → 0.47 μF

$\text{pF} = 10^{-12} \,\text{F}$
$\mu\text{F} = 10^{-6} \,\text{F}$

図 C2 − 2　小型コンデンサの読み方

付　録

トランジスタ

　本書で使用しているトランジスタは、NPN型の2SC1815Yと呼ばれるものです。安価でいろいろに使用できる人気のあるトランジスタです。

　図C2－3に外形とピン説明図を示します。

　本書で使われている2SC1815トランジスタには、Yの文字が付いています。この文字はトランジスタ特性の中で直流増幅率（hfeと呼ばれています）のランクを示すものです。

　この値が高いほど、感度が高いと言えます。小さな直流信号入力で大きな出力が得られる倍率と思って下さい。

　Yのhfeランク表を見ると、120～240倍の値が示されています。最低でも120倍ありますから0.1 mAの電流入力（ベースへの入力）で120倍の12 mAの出力（コレクターに流れる値）が得られる計算になります。

　参考までにトランジスタ2SC1815の直流増幅率ランクの一覧表を図C2－4に示します。ランクはピッタリした区分ではなく、それぞれの範囲が入り組んでいます。

　使う時は、各ランクの最低値で計算しておくとよいでしょう。

　一般的な電子工作では、簡単に入手でき、安価なYクラスを使っています。

ダイオードの見方

　本書で使用しているダイオードは、1N60（ゲルマニューム・ダイオード）と1S1588、S5277N（シリコーン・ダイオード）の3種類です。

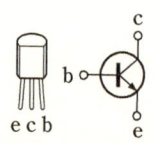

図 C2 − 3　トランジスタ 2SC1815Y の外形とピン説明図

記号（英字）	hfe（直流増幅率）
O	70〜140
Y	120〜240
GR	200〜400
BL	350〜700

図 C2 − 4　トランジスタ 2SC1815 の直流増幅率ランク

図 C2 − 5　ダイオードの記号

付　録

　半導体に使用している素材の名前が付いています。ゲルマニュームはシリコーンに比べて、1/3 程度で入力信号を整流する特徴があるので、ラジオの検波用に使われます。電源回路に使われる高耐圧・大電流の整流用には、大容量規格のシリコーン・ダイオードが使われます。電気記号は、ともに同じです（**図 C2 − 5**）。

真空管の見方

　真空管の回路図に示されているピン番号は、ソケットの裏側から見たもので、間隔があいている右部分が 1 番ピンで、右回りにピン番号が増えていきます。その様子を**図 C2 − 6** に示します。

うしろから見たものです。

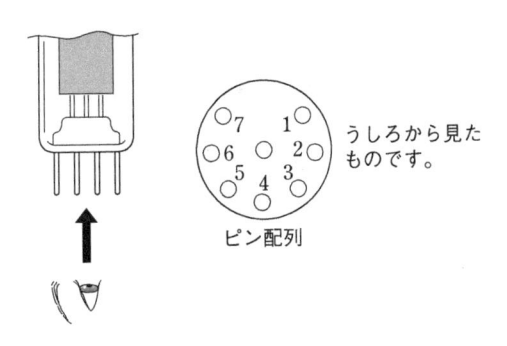

ピン配列

図 C2 − 6　真空管のピンの見方

付録3　パーツ購入ガイド（2007年9月現在）

各種パーツ、オリジナル・トランス：
サトー電気
〒210-0001　神奈川県川崎市川崎区本町2-10-11
TEL：044-222-1505　FAX：044-222-1506

真空管：
株式会社キョードー
〒101-0021　東京都千代田区外神田1-10-11
TEL：03-3257-0434

参考文献

『無線技術あれこれ "ラジオを自作しよう"』西田和明　週刊BEACON（ICOM）
『ラジオの製作――中波・短波2バンドラジオの製作』西田和明　電波新聞社　1997年10月号

さくいん

〈あ・か行〉

インターネット・ラジオ	157
エアーバンド	82
エイコーン管	126
海外放送	92
クエンチング信号	64
クエンチング信号波形	64
ゲルマニューム・ダイオード	33
ゲルマニューム・ラジオ	49
高1ラジオ	31
合金型低周波用トランジスタ	37
航空無線周波数帯	90
鉱石ラジオ用アンテナ	81
交流	53
極超短波帯	14
コヒーラ	23
コンデンサの見方	168

〈さ行〉

再生式受信方式	30
再生式真空管ラジオ	55
サブ・ミニチュア管	34
磁気嵐	19
周波数	12
周波数帯	14
周波数弁別器	68
真空管式超再生ラジオ	58
真空管式ラジオ	52
真空管の見方	171
真空管用電源	135
振幅制限器	68
ステレオ放送	42
ストレート・ラジオ	47
スパイダー・コイル型 ゲルマニューム・ラジオ	73
スーパーヘテロダイン・ラジオ	49
スロープ検波	69,83
整流	53

〈た行〉

ダイオードの見方	169
タイタニック号	27
代用アンテナ	81
太陽フレア	20
短波帯	14
中波帯	14
超再生回路	58
超短波帯	14
長波帯	14
直流	53
抵抗の見方	166
低周波アンプ付き ゲルマニューム・ラジオ	52
電波	46
電波時計	15

電波法	90
デンファシス回路	68
電離層	19
ドイチェ・ベレ	143
東京通信工業	43
同調回路（並列共振回路）	50
トランジスタ	34, 169
トランジスタ式再生ラジオ	61
トランジスタ式超再生ラジオ	62, 82
トリマー・コンデンサ	89

〈は行〉

波長	12
バリコン	89
半導体（シリコーン・ダイオード）	135
標準周波数局（JJY）	15, 147
ベリカード	140
ヘルツ	12
ヘルツ火花式送信機	21

〈ま・ら行〉

マイクロ波帯	14
モニター・テスター	100
モールス	27
ラジオ・ジャパン（ラジオ日本）	17, 148
ラジオ NIKKEI	149
レフレックス・ラジオ	59

〈数字・欧文〉

0-v-1（ゼロ・ブイ・ワン）	56
0-v-1 ラジオ	118
2 球再生式ラジオ	107
2 球超再生式ラジオ	126
2 バンド・ラジオ	92
3 極管	56
4 球再生式真空管ラジオ	31
5 極管	58
AM 波	67
FM ジャパン	142
FM 東京	141
FM 波	67
FM 文字多重放送	65
HF	14
J-WAVE	142
LF	14
MF	14
SHF	14
UHF	14
VHF	14
VHF 帯 TV	82

N.D.C.549　　174p　　18cm

ブルーバックス　B-1573

手作りラジオ工作入門
聴こえたときの感動がよみがえる

2007年10月20日　第 1 刷発行
2024年 3 月18日　第10刷発行

著者	西田和明
発行者	森田浩章
発行所	株式会社講談社
	〒112-8001 東京都文京区音羽2-12-21
電話	出版　03-5395-3524
	販売　03-5395-4415
	業務　03-5395-3615
印刷所	(本文表紙印刷) 株式会社ＫＰＳプロダクツ
	(カバー印刷) 信毎書籍印刷株式会社
本文データ制作	株式会社さくら工芸社
製本所	株式会社ＫＰＳプロダクツ

定価はカバーに表示してあります。
©西田和明　2007, Printed in Japan
落丁本・乱丁本は購入書店名を明記のうえ、小社業務宛にお送りください。
送料小社負担にてお取替えします。なお、この本についてのお問い合わせ
は、ブルーバックス宛にお願いいたします。
本書のコピー、スキャン、デジタル化等の無断複製は著作権法上での例外
を除き禁じられています。本書を代行業者等の第三者に依頼してスキャン
やデジタル化することはたとえ個人や家庭内の利用でも著作権法違反で
す。
Ⓡ〈日本複製権センター委託出版物〉複写を希望される場合は、日本複製
権センター（電話03-6809-1281）にご連絡ください。

ISBN978-4-06-257573-7

発刊のことば

科学をあなたのポケットに

二十世紀最大の特色は、それが科学時代であるということです。科学は日に日に進歩を続け、止まるところを知りません。ひと昔前の夢物語もどんどん現実化しており、今やわれわれの生活のすべてが、科学によってゆり動かされているといっても過言ではないでしょう。

そのような背景を考えれば、学者や学生はもちろん、産業人も、セールスマンも、ジャーナリストも、家庭の主婦も、みんなが科学を知らなければ、時代の流れに逆らうことになるでしょう。

ブルーバックス発刊の意義と必然性はそこにあります。このシリーズは、読む人に科学的に物を考える習慣と、科学的に物を見る目を養っていただくことを最大の目標にしています。そのためには、単に原理や法則の解説に終始するのではなくて、政治や経済など、社会科学や人文科学にも関連させて、広い視野から問題を追究していきます。科学はむずかしいという先入観を改める表現と構成、それも類書にないブルーバックスの特色であると信じます。

一九六三年九月

野間省一